Pocket Power

Alexandra Lindner
Ivo Richter

Wertstromdesign

2. Auflage

Unter Mitarbeit von

Peter Becker, Heiko Göhner und Rigobert Maier

HANSER

Bibliografische Information der Deutschen Nationalbibliothek
Die Deutsche Nationalbibliothek verzeichnet diese Publikation in der Deutschen Nationalbibliografie; detaillierte bibliografische Daten sind im Internet über http://dnb.d-nb.de abrufbar.

www.hanser-fachbuch.de

Lektorat: Lisa Hoffmann-Bäuml
Herstellung: Thomas Gerhardy
Umschlaggestaltung: Parzhuber & Partner GmbH, München
Umschlagrealisation: Stephan Rönigk
Druck und Bindung: Kösel, Krugzell
Printed in Germany

ISBN 978-3-446-42719-8

E-Book-ISBN 978-3-446-42883-6

Inhalt

1 Einleitung

WORUM GEHT ES?

In Unternehmen und Organisationen denken wir traditionell in Funktionen. So sind Unternehmen in Hauptbereiche gegliedert, die sich an deren Funktion orientieren wie z. B. Entwicklung, Einkauf, Fertigung, Montage und Vertrieb. Diese Hauptbereiche teilen sich wiederum in funktionsbezogene Abteilungen und Kostenstellen auf. Verbesserungs- und Optimierungsbemühungen fokussieren sich traditionell auf die einzelnen Funktionseinheiten: Umsatzziele bestimmen den Vertrieb, Herstellkostensenkung die Produktion, Materialkosten den Einkauf und neue Produkte die Entwicklung. Das Problem dabei ist: der Fluss der Wertschöpfung durch die Abteilungen und Bereiche ist schlecht und der Kunde mit seinen wachsenden Anforderungen an kurzfristige und termintreue Lieferung individueller Produkte kann nicht mehr adäquat bedient werden. Gleichzeitig sind Unternehmen mit steigenden Kosten für Lohn und Material konfrontiert und der technologische Fortschritt durch Fertigungstechnologie oder IT erlaubt keine sprunghaften Verbesserungen mehr.

In intransparenten und schlecht abgestimmten Prozessen liegt häufig das größte Optimierungspotenzial. Stellen Sie sich einen Ablauf vor, den Sie gut kennen. Warum braucht er so lange? Warum gibt es immer wieder Probleme? Vielleicht liegt die Auftragsmappe zunächst einige Tage im Eingangskorb des Sachbearbeiters, weil dieser andere Prioritäten hat. Die eigentliche Bearbeitung dauert dann nur zehn Minuten und endet mit einer ergänzenden Eingabe im EDV-System. Anschließend muss die Mappe zur Freigabe zum Chef. Dieser ist überlastet oder auf Dienstreise. Erneut wartet der Auftrag mehrere Tage bis zur Unterschrift. Ist der Auftrag nun freigegeben, wird er in der Produktion eingeplant, terminiert und reiht sich in die Schlange wartender Aufträge ein. Nun meldet sich der Vertrieb per Telefon, weil der Kunde nach dem Ausliefertermin fragt. Der Vertrieb hat keinen Zugriff auf das Produktionsplanungssystem und muss jedes Mal den zuständigen Sachbearbeiter ausfindig machen. Kurz vor Produktionsstart hat der Kunde einen relevanten Änderungswunsch und es muss umgeplant werden ...

Nein, einen solchen Ablauf können Sie nicht akzeptieren, werden Sie sagen. Aber was ist zu tun?

WAS BRINGT ES?

Die Wertstrommethode ist das richtige Instrument, um sämtliche Abläufe in Produktion und Dienstleistung ganzheitlich aufeinander abzustimmen und so Lieferzeiten drastisch zu verkürzen, Zuverlässigkeit und Qualität zu steigern, Bestände zu reduzieren sowie Verschwendung an den Schnittstellen von Funktionsbereichen zu vermeiden. Die Wertstrommethode ist einfach zu erlernen, praxisnah und lebt von der Einbeziehung der beteiligten Abteilungen und Mitarbeiter. Sie verbindet Funktionen innerhalb des Unternehmens durch den Prozessgedanken und erzielt nachhaltige Verbesserungen, sei es auf Bereichs-, Abteilungs- oder Arbeitsplatzebene.

WIE GEHE ICH VOR?

Verschaffen Sie sich mit Hilfe dieses Buches einen Überblick über die Wertstrommethode. Betrachten Sie bewusst Abläufe in Ihrem Unternehmen und versuchen Sie, Wertschöpfung und Verschwendung zu trennen. Wo läuft es gut, wo klemmt es? Gibt es Probleme mit der Durchlaufzeit, der Termintreue, den Beständen oder gibt es chronische Spannungen zwischen den Beteiligten? In allen Fällen kann die Wertstrommethode bei der Lösung helfen. Aber auch wenn Sie umstrukturieren, in neue Anlagen investieren oder auch ohne zwingenden Anlass Prozesse optimieren wollen, lohnt sich der Einsatz der Wertstrommethode.

Ziel der Wertstrommethode

Die Wertstrommethode unterstützt ein Unternehmen in der Fähigkeit, Material, Produkte (auch Dienstleistungen!) und Informationen durch Prozessketten fließen zu lassen, schnell, verschwendungsarm und auf hohem Qualitätsniveau.

1.1 Die Wertstromphilosophie

WORUM GEHT ES?

Die Wertstrommethode ist eine zentrale Methode ganzheitlicher Produktionssysteme bzw. des Lean Managements, so wie auch KVP (Kontinuierlicher Verbesserungsprozess), Kanban oder Gruppenarbeit. Toyota hat bereits in den 1950er-Jahren erkannt, dass eine ganzheitliche Optimierung der gesamten Wertschöpfungskette großes Verbesserungspotenzial bietet und das Toyota Produktionssystem (TPS) entwickelt. In Europa und den USA rückte dieses Denken erst Anfang der 1990er Jahre in den Fokus, als man insbesondere in der Automobilindustrie an Wettbewerbsfähigkeit verlor. So untersuchten Unternehmen und Berater das Erfolgsgeheimnis des Toyota Produktionssystems und dessen Methoden und versuchten diese auf die hiesigen Verhältnisse zu übertragen. Es setzte sich die Erkenntnis durch, dass Methoden nur dann dauerhaften Erfolg bringen, wenn diese in ein sogenanntes ganzheitliches Produktionssystem von gemeinsamen Wertvorstellungen und Leitlinien für alle unternehmensrelevanten Entwicklungsfelder eingebettet sind. Diese Entwicklungsfelder sind Kundenorientierung (inkl. Qualität), synchrone Prozesse, der Mensch (Führung, Zusammenarbeit), stetige Verbesserung und effiziente Arbeitsstrukturen am Ort der Wertschöpfung. Umsatz und Kosten werden hingegen nicht als primäre Optimierungsgrößen betrachtet, sondern man unterstellt deren positive Entwicklung, wenn man in den Entwicklungsfeldern ganzheitlich unterwegs ist. Zahlreiche erfolgreiche Beispiele bestätigen diese Annahme.

Ganzheitliche Produktionssysteme und damit auch die Wertstrommethode haben zwar ihre Wurzeln in der Automobilindustrie, jedoch nach und nach haben sich andere Industriezweige das Denken und die Methodik erschlossen. Es sind heute auch bei weitem nicht nur Großunternehmen, welche ganzheitliche Produktionssysteme pflegen, sondern auch kleinere und mittelständische Unternehmen, gleichgültig ob produzierend tätig oder Dienstleister, gleichgültig ob Großserienfertiger oder Anlagenbauer. Aber was ist letztlich das Geheimnis solcher Produktionssysteme? Darüber sind in den letzten Jahren viele Bücher geschrieben worden. Taiichi Ohno (ehemaliger Toyota-Manager) bringt es auf den Punkt: *„Wir konzentrieren uns auf die Durchlaufzeit und zwar von dem Moment an, in dem wir einen Kundenauftrag erhalten, bis zum Zahlungseingang. Dabei verkürzen wir diese Durchlaufzeit, in dem wir alle Bestandteile eliminieren, die keinen Mehrwert generieren.“* (Ohno 1988)

Häufig versteht man bisher unter Optimierung in der Produktion vor allem das Reduzieren der Bearbeitungszeit auf den Betriebseinrichtungen (Anlagen, Werkzeugmaschinen etc.). Dabei werden beispielsweise neue Werkzeuge eingesetzt oder technologisch bessere Maschinen gekauft. Das kann Vorteile bringen, aber es reduziert die Gesamtdurchlaufzeit oft nur unwesentlich. Unter Wertstromaspekten stellt man sich beispielsweise die Frage, warum Werkstücke oft viele Stunden, ja Tage benötigen bis sie zur Folgeoperation gelangen (Bild 1.1). Da wird die Hauptzeit durch ein Sonderwerkzeug um 30 Sekunden für ein Drehteil reduziert, aber es fragt keiner, warum es anschließend erst vier Tage später auf einer Schleifmaschine fertigbearbeitet werden kann. Nicht nur, dass die Auftragszeit dadurch groß wird, es muss auch viel Handlingsaufwand betrieben werden (Wegfahren, Einlagern, Auslagern, Bereitstellen etc.).

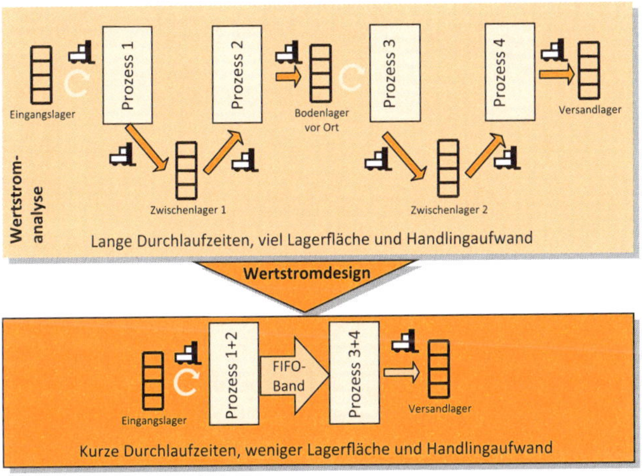

Bild 1.1 Durchlaufzeitreduzierung im Fokus

Nun kann man die Durchlaufzeiten nicht so einfach reduzieren, werden Sie zu Recht sagen. Aber wenn man erst einmal begonnen hat, sich damit zu beschäftigen, wird man mehr und mehr in den Bann der Wertstrommethode geraten. Und nun sind wir schon mitten in der Wertstromwelt. Und so ist der Wertstrom definiert:

Ein Wertstrom fasst alle Aktivitäten zusammen, um ein Produkt/eine Dienstleistung vom Lieferanten zum Kunden zu bringen. Alle Tätigkeiten, Informations-, Materialflüsse, seien sie wertschöpfend, unterstützend oder nicht wertschöpfend, prägen ihn (Bild 1.2). Überall wo es Prozesse gibt, da gibt es deshalb auch Wertströme.

Bild 1.2 Wertstrom

WAS BRINGT ES?

Die Wertstromphilosophie stellt einen Gegenpol zu dem Denken in Funktionen, Abteilungen und Kostenstellen dar und betrachtet maßgeblich den Prozess. Die Durchlaufzeit steht im Fokus, weil kurze Lieferzeit und hohe Liefertermintreue heute ein bestimmender Wettbewerbsfaktor sind. Liege- und Wartezeiten deuten auf ein hohes Maß an Verschwendung im Prozess und somit auf die Vergeudung von Ressourcen hin. Wertstromdenken drängt ein Unternehmen zu Kundenorientierung, Schnelligkeit und Zuverlässigkeit, was sich letztendlich in wirtschaftlichem Erfolg widerspiegelt.

WIE GEHE ICH VOR?

Die Wertstrommethode ist „sehr nahe am eigentlichen Prozess“, d. h. sie lebt vom Linewalk, einer Vor-Ort-Begehung entlang der Wertschöpfungskette, und strukturierten Interviews mit Mitarbeitern, die den Prozess wirklich kennen, und nicht von Hypothesen der Manager, „wie die Prozesse angeblich laufen“. Wenn man Bestände zählen kann, dann sollte man sich nicht nur auf das Produktionssteuerungs- und Planungssystem (PPS) konzentrieren, sondern auch vor Ort gehen. Nur dort kann es beispielsweise auffallen, dass die Lagerbereiche nicht ausreichen und das Material auf Hilfsflächen lagert. Oder dass die Sachnummern in falschen Behältern angeliefert wurden, dass die Entsorgung des Verpackungsmaterials nicht klappt usw.

Die Wertstrommethode lässt sich skaliert auf verschiedenen Ebenen einsetzen, d. h. man kann große Lieferströme zwischen Zulieferern und Kunden genauso analysieren und optimieren wie den kleinen Ablauf in einer Montageinsel. Diese Methode kann an einfachen Prozessen ausprobiert und mit mehr Praxiswissen bei immer komplexeren Themen angewendet werden.

Die Methode schafft nicht nur Transparenz und zeigt Potenziale (Bestände, Durchlaufzeiten etc.) von Prozessketten auf, Wertstromregeln und Designhilfen unterstützen anschließend auch bei der Optimierung oder Neugestaltung.

Erprobte Standards (z. B. Abläufe, Symbole, Regeln) erleichtern dem Anfänger den Einstieg. Es kann aber sinnvoll sein, dass man sich zu Beginn von einer der vielen Beraterfirmen, die sich auf die Wertstrommethode spezialisiert haben, unterstützen und schulen lässt, um dann später selbst aktiv alleine damit arbeiten zu können.

Wertstromphilosophie

Wertstromdenken ist eine Philosophie, die Unternehmen entscheidend unterstützen kann, um schneller und reaktionsfähiger zu werden. Damit ist die Wertstrommethode auch mehr als nur ein Werkzeug, sie kann auch zum Managementinstrument werden.

1.2 Aufbau des Buches

Bevor wir uns der Wertstrommethode selbst zuwenden, widmen wir uns in **Kapitel 2** einigen Begriffsdefinitionen und **Grundlagen von Prozessen**, die es mit Wertstrom zu optimieren gilt. Die **Kapitel 3 bis 6** beschreiben die **Wertstrommethode** und deren praktische Anwendung. **Kapitel 7** stellt Ihnen mehrere **Praxisanwendungen** vor. **Kapitel 8** beschreibt **Erfolgsfaktoren** der Anwendung im betrieblichen Alltag und gibt Tipps, wie Sie den Einstieg in die Wertstrommethode schaffen und Fallstricke vermeiden. Da es einige weitere **unterstützende Lean-Methoden** gibt, die einen hohen Bezug zu Wertstrom haben und diesen gut ergänzen, sind diese in **Kapitel 9** beschrieben. In der Anlage finden sie neben Literaturhinweisen Hilfsmittel zur Anwendung der Wertstrommethode.

Wir wünschen Ihnen viel Spaß beim Lesen und viel Erfolg im Einsatz der Wertstrommethode. Aber vergessen Sie nicht, lesen alleine reicht nicht, erst wenn man etwas tut, dann versteht man es auch richtig – oder frei nach Konfuzius:

„Sag es mir und ich werde es vergessen, zeige es mir und ich werde mich erinnern, beteilige mich und ich werde es verstehen.“(Aphorismen-Archiv 2015)

Unter diesem Symbol finden Sie konkrete Tipps für Ihre Praxis.

Dieses Symbol weist auf besonders wichtige Punkte hin.

2 Grundlagenwissen zu Prozessen

2.1 Einführung

Prozesse spielen in der Wertstrommethode eine wichtige Rolle. Bei der Auswahl, Analyse, Optimierung und der Gestaltung von Prozessen ist es deshalb nützlich, einige Begriffsdefinitionen und Grundlagen des Prozessmanagements zu kennen.

Den Begriff „Prozesse" definiert die ISO 9000:2005 so: "Ein Prozess ist ein Satz von in Wechselbeziehung oder Wechselwirkung stehenden Tätigkeiten, der Eingaben in Ergebnisse umwandelt."

Prozesse haben einen Input und einen Output. Diese Ein- und Ausgangsgrößen können unterschiedlichster Art sein (z. B. Ziele, Informationen, Einzelteile, Baugruppen, Produkte).

Prozesse selbst haben in der Regel einen Wertzuwachs bzw. eine Wertschöpfung zum Ziel. Ein Prozess bildet dabei beispielsweise den Fluss und die Transformation von Materialien, Informationen, Operationen und Entscheidungen ab.

Eine Aufteilung in Teilprozesse, die sich wiederum in Schritte und Aktivitäten gliedern, ist möglich. Im Rahmen von Wertstromdarstellungen ist es wichtig, die richtige Gliederungstiefe zu finden.

Ein Prozess wird u.a. von der Dimension Zeit (Termine, Dauer etc.) und der Angabe der „Beteiligten" (Menschen, Maschinen, Material, Methoden) individuell bestimmt.

Die Prozessleistungen sollten sich dabei am Kunden (Kundenanforderungen/-wünsche/-zufriedenheit) orientieren. Daraus leitet sich die Dimensionierung von Qualität, Zeit und Kosten ab. Geeignete Kennzahlen schaffen dabei Transparenz und zeigen Fortschritte auf. Während dies für viele Produktionsprozesse der Fall ist, fehlen sie häufig in Administrations-/ Büroprozessen.

Ein Prozess kann je nach Anforderung in unterschiedlichster Form abgebildet werden, beispielsweise in Workshops mit dem Six-Sigma-Werkzeug SIPOC (Supplier/Input; Process; Customer/Output).

2.2 Welche Prozessarten gibt es?

In der betriebswirtschaftlichen Praxis unterscheidet man Prozesse nach unterschiedlichen Kriterien. Orientiert man sich am Beitrag zum Unternehmenserfolg, dann differenziert man nach:

- *Kernprozesse*: Durch sie entstehen die eigentliche Wertschöpfung für den Kunden (z. B. Montage einer Anlage in einem Maschinenbauunternehmen).
- *Managementprozesse*: Sie umfassen alle Abläufe, um einem Unternehmen Ziele zu geben, es auszurichten und zu steuern (z. B. Geschäftsjahresplanung, Balanced-Scorecard-Prozess).
- *Unterstützende Prozesse*: Sie unterstützen die Kernprozesse, um durch ihren Beitrag eine möglichst problemlose Leistungserstellung sicherzustellen (z. B. Instandhaltungsmaßnahmen).

Weitere Gliederungsmöglichkeiten können Bereiche oder Funktionen (z. B. Entwicklungs-, Beschaffungs-, Distributionsprozesse), der Detaillierungsgrad (Wertschöpfungskette/ Hauptprozesse/Prozesse/Teilprozesse) oder auch die Fristigkeit (strategische, taktische oder operative Prozesse) darstellen.

In der Wertstrompraxis gibt es aber noch eine andere wichtige Klassifizierungsart, die uns hilft, Prozesse nicht zuletzt auch in Bürobereichen richtig einzuordnen. Dabei handelt es sich um die Einstufung nach der Wiederholhäufigkeit und Determiniertheit (Festlegung, Begrenzung):

- *Routineprozesse* (hohe Wiederholungshäufigkeit und hohe Determiniertheit) z. B. Grunddaten einpflegen,
- *Regelprozesse* (jeweils mittlere Wiederholungshäufigkeit und Determiniertheit) z. B. quartalsweises Reporting,
- *Ad-hoc-Prozesse* (geringe Wiederholungshäufigkeit und Determiniertheit) z. B. Ausgliederung eines Unternehmensbereiches.

Gerade in schlecht gestalteten Routineprozessen kann viel Potenzial liegen.

Unterstützen kann im Rahmen von Wertstrom-Workshops auch eine Reifegradbetrachtung von Prozessen, wie sie im Prozess- und Qualitätsmanagement zum Einsatz kommt. Der Prozessreifegrad zeigt, ob ein Prozess zufällig, individuell abläuft, strukturiert oder standardisiert ist, ob in der nächsthöheren Stufe Qualitätsregelkreise für ihn vorhanden sind oder er auf hohem Niveau permanent optimiert wird (Exzellenz).

Reifegradbetrachtungen können die Prozesse dabei beispielsweise gestuft einteilen in

- unvollständige Prozesse,
- strukturierte Prozesse,
- standardisierte Prozesse,
- beherrschte Prozesse und
- optimierte Prozesse.

2.3 Anforderungen von Lean Management an Prozesse

Lean-Prinzipien können Orientierung geben, wie idealerweise Prozesse zu gestalten sind:

- *Stabilität*: Prozesse sollten robust bzw. unempfindlich gegen Störungen sein und die geforderte Qualität liefern.
- *Produktivität*: Die verfügbaren Ressourcen (Personal, Zeit, Kapital, Material, Energie etc.) sollten optimal genutzt werden.
- *Transparenz*: Der Fortschritt/Status der Prozessschritte sollte jederzeit transparent bzw. erkennbar sein.
- *Flexibilität*: Es sollte schnell auf sich verändernde Anforderungen (Volumen, Aufgaben, Einsatzorte etc.) reagiert werden können.
- *Synchronität*: Die Prozesse sollten ohne Zeitverlust und mit möglichst kleinen Beständen ineinandergreifen.

Prozesse

Überlegen Sie sich im Rahmen von Workshops, was Sie für einen Prozess vor sich haben, was ihn kennzeichnet (z. B. Wiederholungshäufigkeit), welchen Reifegrad er hat (z. B. ist er standardisiert?), ob er sich an den Kundenanforderungen orientiert und wie er idealerweise aussehen sollte.

3 Die Wertstrommethode

WORUM GEHT ES?

Die Wertstrommethode wurde durch das Buch von Mike Rother („Sehen lernen“ - siehe Literaturverzeichnis) bekannt gemacht und hat weite Verbreitung gefunden. Sie ist die zentrale Methode des Lean Managements zur Optimierung von Prozessketten. Zahlreiche Unternehmen setzen die Methode zur Optimierung von Produktions- und Geschäftsprozessen ein und Beratungsunternehmen bieten sie als Dienstleistung an.

Die Wertstrommethode ist deshalb so erfolgreich, weil sie die Zusammenhänge zwischen Prozessen, Material- und Informationsflüssen transparent macht, schnell Schwachstellen aufdeckt, geeignete Regeln zur Neugestaltung von Prozessen anbietet und auch für Praktiker gut einsetzbar ist. Sie eignet sich insbesondere für die Anwendung in Workshops, weil die Wertstromdarstellung gut mit üblichem Moderationsmaterial kombinierbar ist.

Die Wertstrommethode setzt sich aus drei Bausteinen zusammen, die in den folgenden Kapiteln beschrieben werden. Dies ist zunächst die Wertstromdarstellung, ein Handwerkszeug, das der Wertstromanwender erlernen und beherrschen muss. Es folgt die Wertstromanalyse, in der mit Hilfe der Wertstromdarstellung der bestehende Prozess mit seinen Wechselwirkungen aus Material- und Informationsflüssen erfasst, Kennzahlen ermittelt und Schwachstellen erkannt werden. In der Analyse spielt der Begriff der Verschwendung eine besondere Rolle, weshalb dieser in einer eigenen Abhandlung beleuchtet wird. Dann kommen wir zur Neugestaltung von Prozessen mithilfe des Wertstromdesigns. Regeln zur Gestaltung von kundenorientierten und verschwendungsarmen Prozessen dienen dabei als Hilfsmittel.

Weil die Optimierung eines Prozesses mit der Wertstrommethode immer auch mit einem Umsetzungsprojekt verbunden sein sollte, ist es wichtig, dass die Projektziele und die Umsetzungsverantwortung geklärt sind. Es gilt, die richtigen Personen einzubeziehen, damit die Lösungen akzeptiert und die angestrebten Ergebnisse erreicht werden.

WAS BRINGT ES?

Die Wertstrommethode

- ist schnell erlernbar und ohne große Aufwände einsetzbar,
- ist ein für viele Zwecke einsetzbares Visualisierungs- und Analysewerkzeug,
- ist auf den Prozessablauf und seine Durchlaufzeit fokussiert,
- ermöglicht das Erkennen des Zusammenspiels zwischen Material-, Informationsfluss und Prozessen,
- ermöglicht eine einfache und transparente Darstellung – „one page mapping“,
- ersetzt Vermutungen durch Zahlen, Daten und „Vor-Ort-Recherche“,
- ist Basis für die anschließende Entwicklung eines neuen Sollprozesses.

Eine Wertstromanalyse ist umso erfolgreicher, je transparenter der Analyseauftrag und sein Ziel sind. Es ist deshalb entscheidend für den Erfolg, dass Auftraggeber und Wertstromteam im engen Dialog stehen.

4 Die Wertstromdarstellung

4.1 Einführung

WORUM GEHT ES?

Die Wertstromdarstellung ist eine spezielle Art der Prozessdarstellung und das Handwerkszeug des Wertstrommanagers und -moderators. Sie besteht aus Symbolen und Verknüpfungen für Prozessschritte, Materialfluss, Informationsfluss und ergänzenden Informationen. Der Wertstrommoderator muss die Darstellung erlernen und beherrschen, was jedoch im Regelfall gut gelingt, weil viele der Symbole intuitiv sind und im Falle des nicht Vorhandenseins frei gewählt werden können.

WAS BRINGT ES?

Die besondere Stärke der Wertstromdarstellung besteht in der Verknüpfung von Material- und Informationsfluss auf eine gut nachvollziehbare Weise sowie in der besonderen Eignung für die Workshop-Moderation. So lässt sich die Darstellung nicht nur am Rechner entwickeln, sondern auch auf Papier und Pinnwänden mithilfe von Filzstift und Moderationskarten. Besonderer Fokus der Darstellung liegt auf den Schnittstellen zwischen den Prozessen sowie der Bestände und Liegezeiten. Dies macht Verschwendung im Prozess auf besondere Weise sichtbar.

Alternative Prozessdarstellungsarten sind für den gewünschten Zweck entweder zu einfach (Pfeildiagramm), zu wenig flexibel und für die Workshop-Anwendung schlecht geeignet (z. B. Line of visability (LOV) – „Schwimmbahnen"-Darstellung) oder die Verknüpfung von Material und Informationsfluss ist schlecht darstellbar (z. B. Ablaufdiagramme wie sie in der Softwareentwicklung üblich sind).

Oft wird angeführt, dass die Wertstromdarstellung Verantwortungswechsel weit schlechter darstellt, als die LOV-Darstellung, dies ist jedoch durch Verwendung unterschiedlicher Farben für die jeweiligen Verantwortlichkeiten leicht ausgleichbar. An Grenzen stößt die Wertstromdarstellung bei komplexeren Iterationen oder Prozessvarianten. Hier empfiehlt es sich, die Darstellung auf repräsentative Prozessvarianten zu beschränken.

WIE GEHE ICH VOR?

Wir betrachten in diesem Kapitel nun zunächst die Gesamtdarstellung des Wertstroms und werfen dann einen genaueren Blick auf die einzelnen Symbole und Elemente. Bild 4.1 zeigt einen hypothetischen und vereinfachten Gesamtprozess, jedoch mit allen Bereichen der Wertstromdarstellung: Kunde, Lieferant, Prozessschritte, Informationswelt, Zeitschiene und den sogenannten Kaizen-Blitzen (Kaizen: „Veränderung zum Besseren“). Letztere sind offensichtliche Auffälligkeiten und Verbesserungspotenziale im Prozess. In Folge wollen wir auf die Entwicklung der Gesamtdarstellung und die einzelnen Symbole und Verknüpfungen näher eingehen.

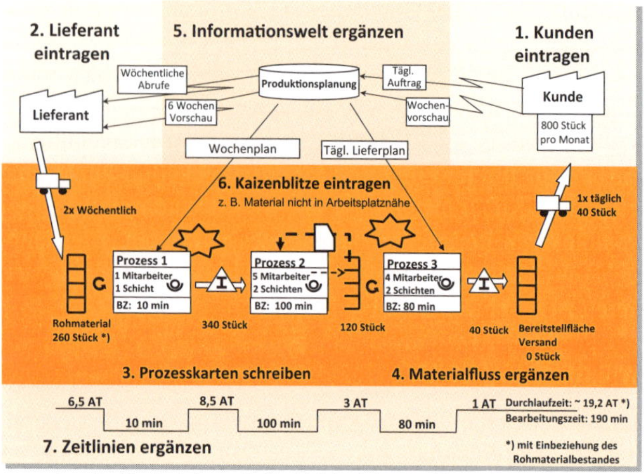

Legende: BZ = Bearbeitungszeit AT = Arbeitstag I = Inventory (Bestand)

Bild 4.1 Gesamter Wertstrom

4.2 Symbole im Wertstrom

Die Wertstromdarstellung beginnt beim Kunden und seinen Anforderungen (Bild 4.2). Dies gilt sowohl für externe Kunden als auch für interne Kunden. Das Symbol für den Kunden ist die Fabrik. Die Kundenanforderungen werden in Datenfeldern spezifiziert, z. B. Bedarf pro Monat oder Anzahl Lieferungen.

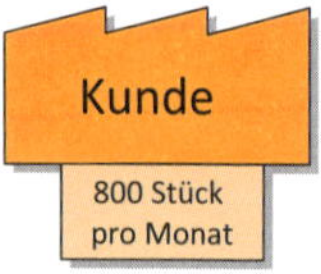

Bild 4.2 Kunde und Kundenanforderungen

Ein breiter Pfeil und in diesem Fall ein Lkw stehen für den Transport von Gütern zum Kunden. Zusätzlich kann angegeben werden, welche Menge wie oft transportiert wird (Bild 4.3).

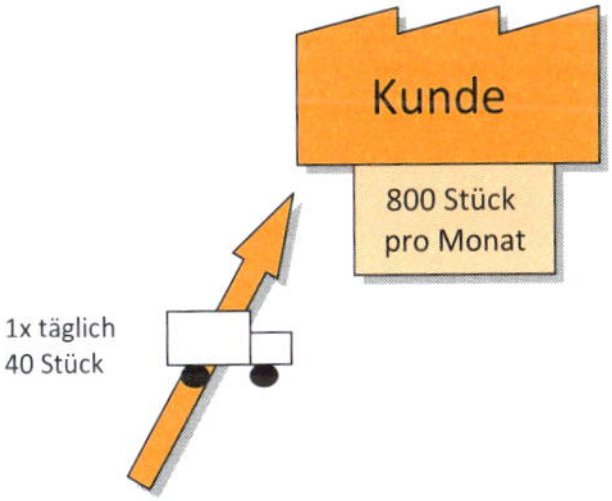

Bild 4.3 Auslieferung zum Kunden

Anstelle des Lkw-Symbols kann ebenso ein Symbol für einen Zug, ein Flugzeug oder ein anderes Transportmittel verwendet werden.

Die dargestellten Symbole werden analog auch für Lieferanten und bzw. wo vorhanden für externe Herstellungsprozesse verwendet.

Sind der Kunde und dessen Bedarf geklärt, werden im nächsten Schritt die relevanten Prozessschritte definiert und in Prozesskästen dargestellt.

Damit die Zeichnung nicht schnell unübersichtlich wird, ist zu beachten, dass üblicherweise in einem Prozesskasten voneinander abgrenzbare Prozessschritte mit einem am Prozessende zum Stehen kommenden Materialfluss abgebildet werden. Zum Beispiel kann man einen Montageprozess mit mehreren aneinandergereihten Montagestationen ohne Transportvorgänge in einem Prozesskasten (Bild 4.4) zusammenfassen.

Bild 4.4 Der Prozesskasten

Die näheren Angaben zum Prozess werden in Datenfeldern im Prozesskasten festgehalten. Dies können wie in unserem Beispiel z. B. die Anzahl der beschäftigten Mitarbeiter im Prozess, das Schichtmodell und die Bearbeitungszeit sein. Die Mitarbeiter können mit einem Mitarbeitersymbol dargestellt werden.

Wie umfangreich Prozessgrößen aufgenommen und dargestellt werden, ist abhängig von der Zielsetzung. Steht zum Beispiel die Geschwindigkeit im Fokus, werden Zeiten im Vordergrund stehen.

Typische Prozessgrößen im Wertstrom sind (Auswahl):

- Zykluszeit (ZZ): benötigte Zeit zwischen der Fertigstellung eines Teils und der Fertigstellung des nächsten Teils im gleichen Prozess,
- Bearbeitungszeit (BZ): benötigte Zeit für ein Teil, um den kompletten Prozess zu durchlaufen, ohne Liegezeiten,
- Wertschöpfungszeit (WZ): tatsächlich wertschöpfende Bearbeitungszeit in einem Prozess,
- Durchlaufzeit (DZ): benötigte Zeit für ein Teil, um die gesamte Prozesskette zu durchlaufen, inklusive Liegezeiten,
- Rüstzeit (RZ): benötigte Zeit, um die Produktion von einem Teil auf ein anderes Teil umzustellen,
- Anzahl der beschäftigten Mitarbeiter im Prozess,
- Schichtmodell,

- verfügbare Arbeitszeit abzüglich Pausen (VA),Anzahl der Produktvarianten,
- Maschinenverfügbarkeit (MV),
- Losgröße/Every Part Every Intervall (EPEI),
- Behältergröße (für Fertigteile),
- Ausschussrate (AR),
- Nacharbeitungsrate (NAR),
- Rückfragequote.

Die Prozesskästen werden entsprechend der Reihenfolge des Produktionsablaufs von links nach rechts eingezeichnet (Bild 4.5).

Bild 4.5 Teilprozesse in zeitlicher Reihenfolge (analog zum Produktionsablauf)

Als nächstes wird schrittweise der Materialfluss entlang der Prozesskästen von links nach rechts eingezeichnet und somit die Prozesskästen verknüpft. Der Materialfluss beinhaltet Lager, Pufferbestände, Transportmittel, aber auch die logische Verknüpfung, also wer auf wessen Impuls Materialtransporte auslöst. Dadurch wird z. B. sichtbar, wo und warum der Materialfluss zum Stehen kommt und sich Bestände bilden.

Bestände vor bzw. nach einem Prozess werden mit einem Warndreieck dargestellt. Das „I“ steht für das englische Wort „inventory“, was Bestand bedeutet.

Unter dem Bestandssymbol werden Bestandsdaten, z. B. die durchschnittliche Bestandsmenge (Teile, Aufträge usw.) oder die Reichweite in Tagen, angegeben (Bild 4.6).

Bild 4.6 Bestände zwischen den Prozessschritten

Der Materialfluss zwischen den Prozessen wird immer dann durch einen Push-Pfeil gekennzeichnet, wenn Material nach einem Produktionsplan produziert und danach transportiert wird. Dies ist meistens nicht mit dem nachgelagerten Prozess synchronisiert und geschieht oft bevor der nächste Prozess es eigentlich benötigt. So sind im Beispiel die Prozesskästen 1 und 2 in der Darstellung verknüpft (Bild 4.7). Anders ist die Verknüpfung zwischen den Prozesskästen 2 und 3. Hier befindet sich ein Lager mit definiertem Bestand, aus dem sich Prozessschritt 3 bedient. Ein solches Lager nennt man Supermarkt. Unterschreitet die Menge im Supermarkt einen bestimmten Wert, wird ein Auftrag zum Auffüllen ausgelöst. Dieses Prinzip nennt man Kanban (japanisch für „Karte“) und wird in der Darstellung entsprechend durch eine Karte visualisiert. Bei dieser Art der Entnahme aus dem Supermarkt spricht man von einem „Material-Pull“.

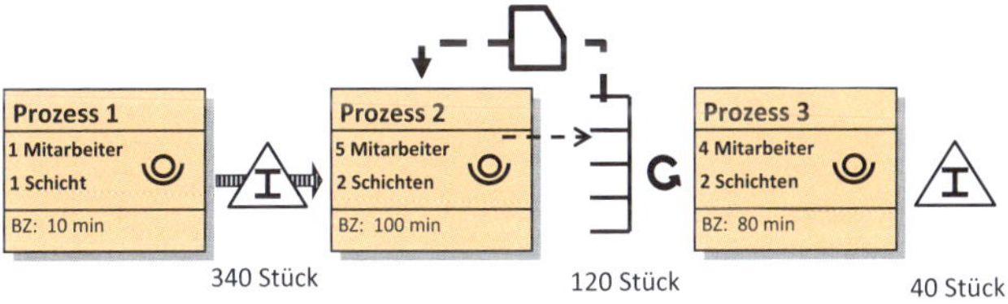

Bild 4.7 Material-Push und -Pull

Der Materialfluss wird mit klassischen Lagern ergänzt, hier mit einem Lager für Rohmaterial und Fertigware. Ein Bestand mit unkontrollierter Bestandsmenge wird Pufferbestand oder Sicherheitsbestand genannt (Bild 4.8).

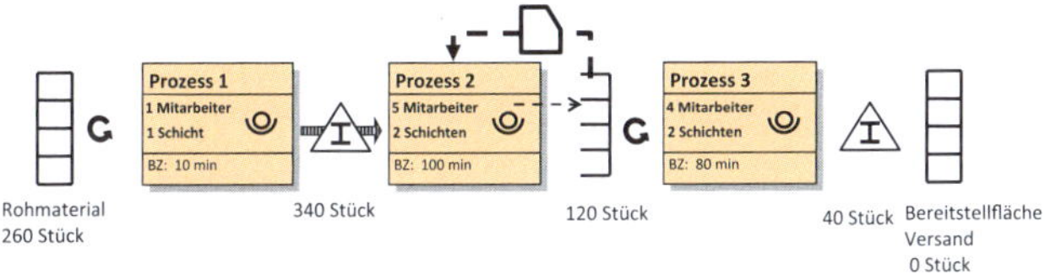

Bild 4.8 Lager (Roh-/Fertigware)

Es gibt eine weitere wesentliche Verknüpfung des Materialflusses: der sogenannte FIFO-Materialfluss („First-In-First-Out"). Dieser stellt den Transfer festgelegter Materialmengen zwischen den Prozessen in der FIFO-Reihenfolge dar. Der Bestand ist durch die gefüllte FIFO-Bahn in der Menge begrenzt (Bild 4.9).

Bild 4.9 FIFO-Materialfluss

Schließlich kann analog zum Lkw-Symbol für externe Transporte ein Stapler oder ein Kran für interne Transporte als zusätzliche Information angefügt werden (Bild 4.10).

Bild 4.10 Beispiele für Transportmittel

Bild 4.11 Manueller und automatisierter Informationsfluss

Neben dem Materialfluss werden im Wertstrom die Informationsflüsse dargestellt. Dies beinhaltet insbesondere die Frage, wer die einzelnen Prozessschritte, d. h. Fertigungsoperationen oder Materialtransporte, beauftragt und welches Medium benutzt wird. Typisch für konventionelle Produktionsstrukturen sind zentral gesteuerte Prozesse z. B. durch ein Produktionsplanungssystem.

In der Darstellung unterscheidet man manuelle und elektronische Informationsflüsse. Manuelle Informationsflüsse, die in der Regel mit der Bewegung von Papier verbunden sind (z. B. Warenbegleitscheine, Produktionsauftragspapiere, Fertigungszeichnungen), werden durch einen schmalen, geraden Pfeil dargestellt. Elektronische Informationsflüsse über EDV-Systeme (E-Mail, ERP-System etc.) werden durch einen Pfeil mit einem Blitz dargestellt. Wenn hilfreich, wird der Pfeil mit dem Informationsmedium gekennzeichnet z. B. einem Briefsymbol (Bild 4.11) und mit einer Box mit der Art der Information ergänzt (Bild 4.12).

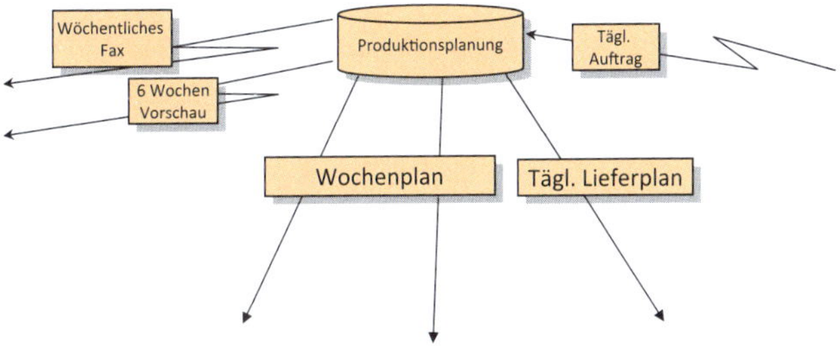

Bild 4.12 Informationsflüsse mit Erläuterungen

Die manuelle Erfassung oder Weitergabe von Daten wird „Go-see"-Planung genannt und mit dem Brillensymbol dargestellt (Bild 4.13).

Bild 4.13 „Go-see"-Planung

Wo keine Fließproduktion möglich ist, werden oft Supermarkt-Pull-Systeme eingesetzt. Der Produktions-Kanban arbeitet dabei mit einer Karte oder einem anderen Signal, das die Erlaubnis darstellt, eine gegebene Losgröße/Menge von einem gegebenen Teil zu produzieren. Dieses Signal kann auch eine Kanban-Information per System sein (E-Kanban).

Beim Entnahme-Kanban weist eine Karte oder Vorrichtung den Materialbereitsteller an, Teile zu entnehmen. Die gestrichelte Linie zeigt den Weg des Kanban an. Der Signal-Kanban signalisiert, dass z.B. im Supermarkt ein Nachversorgungspunkt erreicht wurde und eine weitere Losmenge produziert werden muss. Beim Kanban, der in Losmengen ankommt, werden Kanban-Karten gesammelt und dann in Losmengen weitergegeben (Ausgleichskasten). Der Kanban-Kasten ist ein Ort, an dem z.B. Kanban-Karten eingesammelt werden. Die Heijunka-Box ist ein Hilfsmittel, um Losmengen von Kanban einzufangen und Produktionsvolumen und Typenmix über einen bestimmten Zeitraum auszugleichen (Bild 4.14).

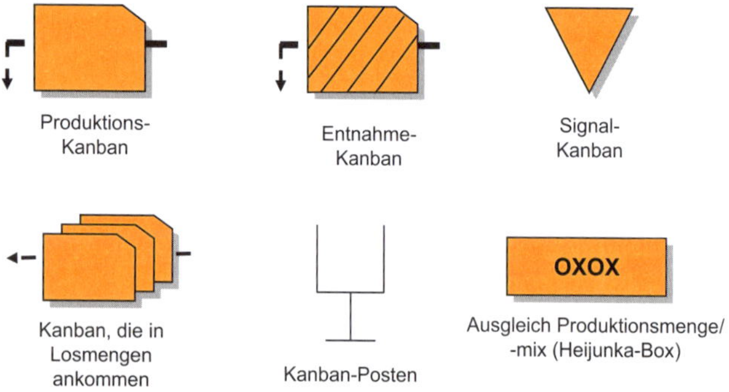

Bild 4.14 Symbole der Kanban-Steuerung

Bei der Wertstromanalyse werden im Prozess zahlreiche Schwachstellen und Verbesserungspotenziale auffallen. Diese werden mit sogenannten Kaizen-Blitzen in der Wertstromdarstellung festgehalten. Kaizen-Blitze sind die Ausgangspunkte für Aktionspläne und können die Basis für die Entwicklung des Sollprozesses darstellen (Bild 4.15). Typische Ansatzpunkte zu Prozessverbesserungen in der Produktion und im Bürobereich werden in Kapitel 6 dargestellt.

Bild 4.15 Kaizen-Blitz

Zur Darstellung der Auftragsdurchlaufzeit und der Gesamtbearbeitungszeit wird eine Zeitlinie aufgezeichnet (Bild 4.16).

Bild 4.16 Zeitlinie

Die Durchlaufzeit ist die benötigte Zeit für ein Teil, um die gesamte Prozesskette vom Erhalt des Rohmaterials bis zur Auslieferung an den Kunden zu durchlaufen, inklusive Liegezeiten. Die Durchlaufzeit für jedes Bestandsdreieck wird berechnet, indem die Bestandsmenge durch den täglichen Kundenbedarf dividiert wird: z. B. 260 Stück Rohmaterial dividiert durch 40 Stück Kundenbedarf pro Tag ergibt eine Durchlaufzeit von 6,5 Arbeitstagen für den Rohmaterialbestand vor dem Prozess 1.

Durch das Aufaddieren aller Bestands- und Prozessdurchlaufzeiten erhalten wir die gesamte Auftragsdurchlaufzeit. Ebenso erhalten wir durch das Aufaddieren der Bearbeitungszeiten aller Prozesse die Gesamtbearbeitungszeit.

4.3 Wertstromquotient

Der Wertstromquotient (WQ) dient als Kennzahl für die Güte des Wertstroms. Er beschreibt das Verhältnis zwischen der Auftragsdurchlaufzeit (DLZ) und der Gesamtbearbeitungszeit (BZ):

WQ = DLZ : BZ

Die Auftragsdurchlaufzeit wird anhand der durchschnittlichen Kundenabnahmen berechnet, bezogen auf die bestehenden Bestände (siehe Kapitel 4.16 „Zeitlinie“). Die Gesamtbearbeitungszeit wird durch das Aufaddieren der Bearbeitungszeiten aller Prozesse ermittelt.

Der Wertstromquotient zeigt auf, in welchem Umfang das Fließprinzip realisiert ist. Die Änderung des Wertstromquotienten beschreibt die Verbesserung oder die Verschlechterung des Wertstroms. Steigt der Wertstromquotient, dann verschlechtert sich der Wertstrom, sinkt er, dann verbessert sich der Wertstrom.

Ein hoher Wertstromquotient ist in der Regel ein Indikator für hohe Durchlaufzeiten bzw. hohe Bestände im Prozess.

In diesem Zusammenhang wird auch vom sogenannten Flussgrad gesprochen. In der Literatur wird zum Teil für den gleichen Begriff auch der Kehrwert verwendet.

4.4 Kaizen-Blitze

Es gibt viele, teilweise ungeahnte Möglichkeiten für Prozessverbesserungen. Typische Ansatzpunkte zur Eliminierung von Schwachstellen und Verschwendung (Kaizen-Blitze) sind in der Produktion:

- Bestände vor, in und nach Prozessen,
- hoher Steuerungsaufwand und „verlorener Bezug“ zum Kundenauftrag,
- „Go-see“-Prinzip und lokale Reihenfolgenbildung und Optimierung,
- unabgestimmte Zykluszeiten,
- unterschiedliche Planungsvorgaben/-strategien (Losgrößenbildung, Schichtbetrieb etc.),
- unnötige Aufwände für Transport und Entnahme,
- lange Warte- und Liegezeiten,
- unergonomische Arbeitsplätze,
- unnötige Wege,
- lange Rüstzeiten.

Typische Ansatzpunkte für das Kaizen im Büro sind:

- geringe Kundenorientierung (hohe Rückfragequoten, schwankende Durchlaufzeiten, kein Feedback bei Abweichungen, keine klaren Vorgaben für In- und Output etc.),
- viele Schnittstellen in den Prozessen,
- fehlende Kapazitätsplanung/-transparenz,
- Standards fehlen oder werden nicht eingehalten,
- Nutzung von Sub-/Hilfssystemen (Excel-Dateien auf lokalen Festplatten statt ERP-System etc.),
- Kennzahlen für Leistung, Qualität, Termin werden nicht erhoben oder nicht genutzt.

Eine gute Möglichkeit der strukturierten Bearbeitung typischer Kaizen-Blitze besteht in der PULM-Methode. PULM steht dabei für Problem-Ursache-Lösung-Maßnahme.

4.5 Hilfsmittel und Werkzeuge

Wertströme lassen sich mit Programmen wie Microsoft PowerPoint oder Visio darstellen. Man findet dazu auch geeignete Vorlagen für Wertstromsymbole.

Die Darstellung am Rechner eignet sich jedoch nicht für die Nutzung in Workshops. Hier bieten sich Moderationsmaterialien wie Flipchart, Moderationskarten und Filzstifte an (Bild 4.17).

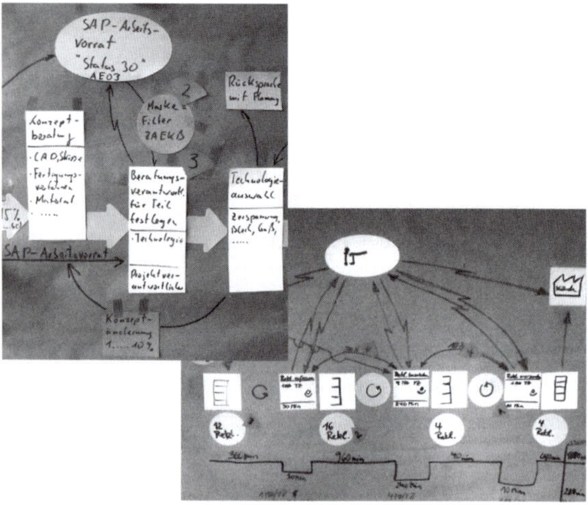

Bild 4.17 Wertstromdarstellung mit Moderationsmaterial

Es hat sich bewährt, auf mobilen Pinnwänden mit Moderationspapier zu arbeiten. Prozesse lassen sich mit senkrechten Moderationskarten gut darstellen. Pfeile zeichnet man zunächst mit Bleistift, später mit Filzstift. In der Praxis wird jeder Moderator ein wenig anders arbeiten, dies ist jedoch für den Erfolg unerheblich.

5 Wertstromanalyse

5.1 Einführung

WORUM GEHT ES?

Das Kapitel Wertstromdarstellung zeigte, wie man einen Prozess mit seinen Material- und Informationsflüssen zu Papier bringt, Orte von Verbesserungspotenzialen, den sogenannten Kaizen-Blitzen, in der Darstellung markiert und die Zeitlinie erstellt. Nun stellt sich die Frage, wie man in der betrieblichen Praxis von einem realen Prozess zur Wertstromdarstellung kommt. Woher kommen die Abläufe, Zahlen, Daten, Fakten, die Systemgrenzen und was bringt das Ganze?

Die Antwort liegt in der Wertstromanalyse, einer Prozessaufnahme vor Ort unter Einbeziehung der Mitarbeiter und Experten. Diese sollte in enger Abstimmung mit dem Auftraggeber, meistens einem verantwortlichen Manager der betroffenen Unternehmenseinheit, erfolgen.

WAS BRINGT ES?

Die Wertstromanalyse schafft Transparenz und zeigt Verbesserungsmöglichkeiten auf. Die Praxis zeigt, dass oft niemand weiß, wie die Abläufe im Ganzen wirklich sind. Arbeits- und Prozessbeschreibungen zeichnen regelmäßig nur ein grobes Bild der Abläufe und wesentliche Details fehlen. Viele Prozesse in Unternehmen sind bei Weitem komplizierter, als es selbst langjährige Beteiligte glauben.

Die Wertstromanalyse erzeugt jedes Mal „Aha"-Erlebnisse bei den Beteiligten, weil sie nicht theoretisch stattfindet, sondern bewusst die Situation am Arbeitsplatz und die Erfahrungen der Mitarbeiter einbezieht. Die Wertstromanalyse zeigt, „wie es wirklich ist"!

Wenn die Wertstromanalyse unter Hinzuziehung aller Prozessbeteiligten entsteht, hat dies einen gewaltigen Vorteil: Das Ergebnis und auch die Probleme im Prozess werden von allen Beteiligten akzeptiert. Nur so schafft man die Voraussetzungen für Veränderung!

WIE GEHE ICH VOR?

5.2 Die Vorbereitungsphase

Zur Vorbereitung der Wertstromanalyse sind folgende Schritte notwendig:

- Prozess auswählen,
- Ziele mit dem Auftraggeber abstimmen,
- Systemgrenzen festlegen,
- Repräsentant(en) bestimmen,
- Linewalk und Teilnehmer auswählen,
- Zeitpunkt auswählen,
- Daten zu Repräsentanten, Materialfluss und Prozessen sammeln,
- Ablauf festlegen und planen.

5.2.1 Prozess auswählen

Es kann jeder Prozess zum Gegenstand einer Wertstromanalyse werden. Es können Produktionsprozesse sein, bei denen Materialfluss und materielle Wertschöpfung im Zentrum stehen, aber auch Dienstleistungs- und administrative Prozesse, bei denen der Informationsfluss im Vordergrund steht. Oft sind auch sinnvoll kombinierte Prozesse zu betrachten, wie sie z. B. bei einer Auftragsabwicklung entstehen.

Die Auswahlkriterien können unterschiedlich sein:

- Um erste Erfahrungen mit der Wertstrommethode zu sammeln oder wenn nur geringe Kapazitäten verfügbar sind, kann sich zunächst ein kleiner und einfacher Prozess anbieten.
- Es liegt nahe, dass man Hauptprozesse in der eigenen Wertschöpfungskette analysiert, weil dort in der Regel großes Potenzial liegt (z. B. Auftragsfluss, Produktion der Rennerteile, Entwicklungsprozesse).
- Oft sind Unzufriedenheit mit den Abläufen oder Konflikte der Prozessbeteiligten ein Auslöser der Analyse.
- Werden die Unternehmensgrenzen verlassen, so können die Lieferströme mit den Zulieferern in gemeinsamen Workshops und Projekten optimiert werden.
- Aber es kann auch viele andere Kriterien geben, beispielsweise bewusst Prozesse analysieren, die hohe Bestände oder lange Durchlaufzeiten haben oder viele Prozessschritte durchlaufen.
- Benchmark zwischen vergleichbaren Prozessen.
- Schwachstellenanalyse vor einem Reengineering-Projekt.

5.2.2 Ziele mit dem Auftraggeber abstimmen

Spätestens bei der Neugestaltung von Prozessen sind klare Ziele und Optimierungsprioritäten unabdingbar. Es hilft jedoch bereits in der Analysephase, eine Zielvorstellung mit dem Auftraggeber festzulegen und Schwerpunkte der Analyse zu vereinbaren. Von den Zielen hängen Systemgrenzen, Schwerpunkte der Analyse und Fokus bei der Ermittlung von

Daten und Kennzahlen ab. Auch die Analyseform, Workshop oder Interviewstil, hängt maßgeblich vom Ziel der Analyse ab.

Wichtig ist auch zu wissen, ob der Auftraggeber den Prozess im Großen und Ganzen beibehalten will und nur an punktuellen Verbesserungen interessiert ist (Kaizen-Blitze) oder ob er eine vollständige Neugestaltung des Prozesses mit Wertstromdesign plant. Bekannte Probleme im Prozess, Konflikte zwischen den Beteiligten, bereits laufende oder kürzlich abgeschlossene Verbesserungsprojekte sollten bei der Planung der Wertstromanalyse berücksichtigt werden. Letztendlich bestimmt auch der Aufwand die Systemgrenzen und Tiefe der Analyse maßgeblich.

5.2.3 Systemgrenzen festlegen

Prozesse haben im Rahmen einer Analyse auch Grenzen und diese müssen klar vorab diskutiert und festgelegt werden (Bild 5.1). Man kann beispielsweise seine Gussteile von der eigenen Gießerei, über das externe Gussputzen, Bearbeiten auf Werkzeugmaschinen bis zum Einbau in den Fokus bringen. Man kann sich aber auch nur auf den eigentlichen Gießprozess beschränken oder auch nur einen Teilprozess wie etwa das Planen, Herstellen und Einlegen von Kernen anschauen.

Die Wahl enger Systemgrenzen erlaubt die detaillierte Betrachtung einzelner Aktivitäten wie Handgriffe in der Montage oder Eingaben in das IT-System. Dies erschließt Verbesserungspotenziale im Detail, jedoch bleiben Optimierungspotenziale außerhalb der Systemgrenzen unerschlossen. Deshalb empfiehlt es sich, die Grenzen nicht zu früh zu eng zu stecken. Was nützt es, einzelne Abschnitte zu optimieren, wenn der ganze Vorgang nicht effektiv ist?

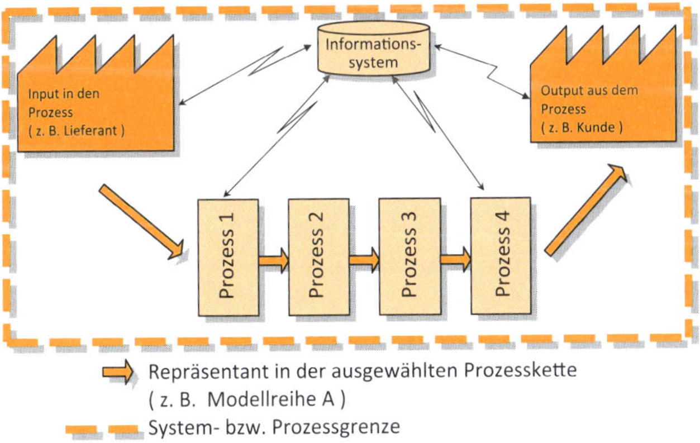

Bild 5.1 Systemgrenzen

Optimiert man beispielsweise einen Fertigungsbereich ohne Blick über den Tellerrand, bleibt unter Umständen verborgen, dass es wesentlich effektiver und effizienter wäre, eine ganze Ablaufkette in eine andere Abteilung zu verlagern.

Systemgrenzen

Bei gegebenem Aufwand kann eine Analyse breit und eher grob angelegt sein oder eng und detailliert. Im Zweifelsfall empfiehlt sich zunächst die breite und ganzheitliche Wahl der Systemgrenzen und die Schwerpunktsetzung in einem zweiten Schritt. Sonst bleiben möglicherweise wesentliche Optimierungspotenziale unerschlossen.

5.2.4 Repräsentant(en) bestimmen

Wenn man sich Klarheit über den ausgewählten Prozess verschafft hat, dann stellt sich oft die Frage, auf welcher Basis die Erhebung von Daten erfolgen soll. Eine Möglichkeit besteht in der Mittelwertbildung, wenn repräsentative Zahlen vorliegen z. B. die durchschnittliche Bearbeitungszeit aller Teile, der durchschnittliche Bestand, die durchschnittliche Auftragsdurchlaufzeit. Häufig fehlen detaillierte Informationen bzw. Durchschnittswerte können relevante Erkenntnisse verwässern. Besonders schwierig wird die Mittelwertbetrachtung bei Prozessvarianten.

Eine Alternative besteht in der Auswahl eines oder weniger Repräsentanten, welche den Prozess durchlaufen. Wir erhalten so klar bewertbare Zahlen und schränken die Prozessvarianten ein. Es gelingt mithilfe geeigneter Repräsentanten dennoch, den Prozess vollständig und mit seinen Schwachstellen aufzunehmen.

Die Frage ist nun: Welche Repräsentanten soll ich wählen bzw. auf ihrem Weg begleiten? Clusterbildung oder auch ABC-Analyse können helfen. Oft ist die Entscheidung nicht so ganz einfach. Es kann sinnvoll sein, bewusst das komplizierteste und das einfachste Modell gemeinsam oder ein typisches „Durchschnittsmodell" auszuwählen. Aber je nach Ziel kann es auch sein, dass man sich eben für die Rennermodelle entscheidet, die 75 % der Gesamtmenge ausmachen. Entscheidend ist, dass auf der Basis verwertbare Aussagen möglich sind, die vom Auftraggeber akzeptiert werden. Nehmen Sie sich für die Bestimmung der Repräsentanten Zeit!

Repräsentant(en) auswählen

Als Repräsentant kann ein signifikantes Teil/eine Teilefamilie, ein Produkt/eine Produktfamilie, aber beispielsweise auch eine Dienstleistung dienen. Mit seiner Hilfe können Aussagen über die zu analysierende Prozesskette gemacht werden. Das Wort Modell steht hier für einen Repräsentanten aus dem Produktumfeld.

Oft kann man - beispielsweise aus Zeitgründen - nicht alle Produkte und Dienstleistungen in der ausgewählten Prozesskette analysieren.

Für die Bestimmung der Repräsentanten sollte genug Zeit eingeplant werden. Clusterbildung oder ABC-Analyse können unterstützen.

5.2.5 Linewalk und Teilnehmer auswählen

Die Wertstrommethode lebt davon, dass sie „am Ort des Geschehens“ stattfindet. Entsprechend sollte sich das Vorgehen an der Ablaufkette orientieren und es sollten auch diejenigen Personen am Workshop teilnehmen, die im Prozess arbeiten und wirkliche Prozesskenner sind. Auch Vorgesetzte sollten einbezogen werden, weil sie den späteren Verbesserungs- und Veränderungsprozess tragen müssen. Wenn die umgebende Welt der Informationssysteme kompliziert und ausschlaggebend für die Transparenz der Wertstromanalyse sein kann, dann ist es sinnvoll, einen EDV-Experten ins Team zu holen.

Die Route für den späteren Workshop sollte frühzeitig geplant werden und sich am Prozessablauf orientieren. Es sollten Teilnehmer bzw. Interviewpartner ausgewählt werden, die die Abläufe aus der Praxis kennen und ihr Wissen einbringen können.

Linewalk bedeutet im Zusammenhang mit der Wertstromanalyse, mit dem Team entlang der Prozesskette zu laufen, also sich vor Ort einen Eindruck zu verschaffen, um die Istsituation besser zu verstehen.

Oft taucht die Frage auf, ob man die Analyse am Anfang des Prozesses beginnen sollte oder beim Kunden, um dann rückwärts den Prozess aufzurollen. Die Lehrmeinung ist, dass die Analyse rückwärts beim Kunden beginnend stattzufinden hat. So steht der Kundenbedarf von Anfang an im Fokus. Dieses Vorgehen beginnend von hinten ist dort angebracht, wo der eigentliche Kundenbedarf unklar ist, wie dies meist in einer sehr arbeitsteiligen Großserienfertigung der Fall ist.

Wenn jedoch der Kundenbedarf den Beteiligten klar ist oder dieser zu Beginn des Prozesses formuliert wird, wie z. B. in der kundenauftragsbezogenen Fertigung (Sondermaschinenbau, Druckereien), dann gibt es keinen Grund, von hinten anzufangen. In solchen Fällen fällt es Menschen leichter, von Beginn an zu folgen. Dies gilt auch für viele administrative Prozesse, in denen der Auftraggeber (= Lieferant) auch der Kunde ist.

5.2.6 Zeitpunkt auswählen

Es ist wichtig, den richtigen Zeitpunkt auszuwählen. In der Regel lassen sich auch Prozessdaten aus Systemen verwenden oder Diskussionen und Ausarbeitungen als Ersatz für „das vor Ort nicht Sichtbare“ – aber es ist eben doch etwas anderes, zu sehen, wie der Fertigungsablauf und die Versorgungslogistik in der Werkstatt wirklich sind, als „nur darüber“ zu sprechen. Der Zeitpunkt sollte also so gewählt werden, dass möglichst viel von den Repräsentanten erkennbar und transparent wird.

Wertstromanalysen sind immer Momentaufnahmen. Es hat sich als sinnvoll erwiesen, dass die Räumlichkeiten für einen Workshop in der Nähe der zu analysierenden Prozesskette liegen. Der Raum sollte auch ausreichend Platz bieten und über eine geeignete Infrastruktur (Flipchart, Beamer, Moderatorenkoffer etc.) verfügen.

5.2.7 Daten zu Repräsentanten, Materialfluss und Prozessen sammeln

Im Vorfeld sollten zusammen mit den Fachabteilungen alle verfügbaren relevanten Daten zu Repräsentanten, Materialfluss und Prozessen gesammelt werden. Typische Wertstromdaten können beispielsweise die Anzahl der Aufträge sein, Durchlaufzeiten und Bestände, die notwendigen Prozessschritte samt Einzel- und Rüstzeiten oder aber auch Kennzahlen zu Qualität und Liefertermintreue. In den Bürobereichen gibt es oftmals weniger Daten und Kennzahlen als in einer Werkstatt mit systemgestützter Auftragssteuerung und Zeitwirtschaft. Aber grundsätzlich gilt, ein Eindruck vor Ort ist oft genauso wichtig wie Daten aus Systemen. So manche Vorgabezeit stimmt nicht oder die Mitarbeiter arbeiten anders, als es der Plan vorgibt. Es sollten auch frühzeitig Vorgesetzte und Teilnehmer informiert werden. Um Probleme oder unnötige Fragen zu vermeiden, sollte auch der Betriebsrat eingebunden oder zumindest informiert sein.

5.2.8 Ablauf festlegen und planen

Es empfiehlt sich ein Wertstrom-Workshop, in dem die Analyse gemeinsam mit den Prozessbeteiligten durchgeführt wird. Ein solcher Workshop, der typischerweise zwei bis drei Tage dauert und fünf bis zehn Teilnehmer hat, erscheint zunächst sehr aufwendig, hat jedoch den Vorteil, dass so ein gemeinsames Prozessverständnis geschaffen wird und die Bereitschaft der Betroffenen zur Umsetzung der Ergebnisse ansteigt. Ohne dieses Verständnis und ohne Einsicht in den Nutzen sind Menschen nur sehr ungerne bereit, ihre Kompetenzen und Arbeitsweisen in Frage zu stellen. Eine Wertstromanalyse im Workshop-Format ist ein wichtiger Schritt des Veränderungsmanagements. Oft verstehen sich Workshop-Gruppen nach dem Workshop als Team, welches gemeinsam Prozessverbesserung betreibt. Der Vorteil des einzelnen tritt in den Hintergrund.

Die alternative Vorgehensweise ist, auf einen Workshop zu verzichten und einen einzelnen oder ein kleines Team den Wertstrom aufnehmen zu lassen. Dieser/diese besuchen und befragen die Prozessbeteiligten und dokumentieren den Wertstrom in kleinem Kreis. Dies hat den Vorteil des zunächst geringeren Aufwandes und der vereinfachten Terminfindung. Jedoch besteht der entscheidende Nachteil, dass kein von allen Beteiligten geteiltes Prozessverständnis entsteht und so das Momentum der Veränderung fehlt. Wir haben viele Fälle erlebt, in denen Betriebsingenieure, Diplomanten oder Praktikanten mit Wertstromaufnahmen betraut wurden, die technisch gesehen großartig waren, jedoch von den Betroffenen abgelehnt oder gar als Angriff auf deren Leistung und Kompetenz verstanden wurden. Sie fanden keine Akzeptanz und verschwanden letztendlich ohne Umsetzung in der Schublade. Der vermeintliche Vorteil des geringeren Aufwandes verkehrt sich so ins Gegenteil.

In Ausnahmefällen ist dennoch die Wertstromanalyse im Interviewstil sinnvoll. Dies ist der Fall, wenn die Veränderungsbereitschaft und das Vertrauen der Prozessbeteiligten sehr hoch sind oder die Prozessbeteiligten bewusst nicht ganzheitlich einbezogen werden sollen z. B. in einem Reengineering-Projekt.

5.3 Workshop zur Wertstromanalyse

5.3.1 Einführung, Teamfindung und Aufgabenverteilung

Bei einer Wertstromanalyse im Workshop-Format haben der Auftraggeber sowie der Wertstrommoderator eine besondere Rolle. Der Auftraggeber sollte entweder am Workshop teilnehmen oder zumindest zu Beginn des Workshops die Ziele der Wertstromanalyse vorstellen und die Analyseergebnisse persönlich vom Team entgegennehmen. Der Moderator führt in die Wertstrommethode ein, stellt die Fragen zu den Prozessen, gestaltet das Wertstrombild und sorgt für einen zielgerichteten Workshop-Ablauf.

Typische Ablaufschritte einer Wertstromanalyse

- Einführung/Teamfindung/Aufgabenverteilung.
- Aufnahme der Prozesse und Materialflüsse vor Ort, Interviews und Daten aus dem System ergänzen das Bild.
- Dabei auch erkannte Mängel und Schwachstellen aufnehmen (Kaizen-Blitze).
- Prozesse und Materialflüsse auf Pinnwänden abbilden z. B. mittels Brownpaper, Moderationskarten.
- Informationsflüsse auf der Abbildung ergänzen.
- Kaizen-Blitze auf Abbildung eintragen.
- Zusammenfassung der Ergebnisse (Summary).
- Mögliche Handlungsfelder zusammenstellen.
- Präsentation/Diskussion der Ergebnisse mit dem Management.
- Aufgabenpakete zuordnen und systematisch abarbeiten.

Als Moderator sollte man ausreichend Zeit für die Teamfindung einplanen. In der Regel kommen die Teilnehmer aus verschiedenen Bereichen (Werkstatt, Bürobereiche etc.) und nicht alle sind untereinander bekannt. Hinzu kommt, dass die

Teilnehmer oft eine unterschiedliche Position im Unternehmen haben und auf eine unterschiedliche Ausbildung zurückblicken. Ein heterogener Teilnehmerkreis aus z. B. Sachbearbeitern, Werkern, Führungskräften verlangt eine geplante Vorstellungsrunde, die ein Kennenlernen erlaubt und Vertrauen schafft. Teamspirit ist wichtig für den Workshop-Erfolg! Achten Sie darauf, dass alle Teilnehmer ihre Beiträge ungeachtet ihrer Rolle und Position einbringen können.

Bevor ein Linewalk entlang der Prozesskette gemacht werden kann, müssen die Aufgaben verteilt werden:

- **Aufnehmer der Prozesse** dokumentiert, kann dazu Hilfsmittel nutzen (Vordrucke etc.).
- **Aufnehmer Kaizen-Blitze** dokumentiert die Probleme und Schwachstellen, die den Teilnehmern beim Durchlauf auffallen.
- **Aufnehmer Informationssysteme** dokumentiert verwendete Systeme und Vorlagen.
- **„Fotograf"** macht Bilder vom Durchlauf, dokumentiert beispielsweise markante Bereiche wie Lagerflächen, Schlüsselmaschinen, Problemstellen.

5.3.2 Vor-Ort-Gehen und Informationen sammeln

Die Prozesskette sollte möglichst an einem Stück durchlaufen werden. Bei sehr langen Prozessen empfiehlt sich der Abbruch am frühen Nachmittag des Workshop-Tages und im Anschluss die gemeinsame Dokumentation, weil man sonst riskiert, Information zu verlieren. Der Linewalk wird in diesem Fall am nächsten Morgen fortgesetzt.

Es wurde bereits erläutert, dass die Begehung nicht notwendigerweise rückwärts vom Kunden ausgehend beginnen muss, so wie es die Literatur empfiehlt. Bei Prozessen der Kundenauftragsfertigung oder in administrativen Prozessen empfiehlt sich häufig der Ablauf in der zeitlichen Reihenfolge vom Auftraggeber (= Lieferant) zum Kunden.

Typische Prozessdaten

- Bearbeitungszeit
- Rüstzeit/Auftrag
- Maschinenverfügbarkeit
- Losgröße
- Verfügbare Arbeitszeit
- Anzahl der Mitarbeiter
- Fehlerraten
- Rückfragequoten

Die Material- und Auftragsbestände sollten vor, in und nach den Prozessen erfasst werden. Wo dies nicht direkt möglich ist, sollten die Daten mit Daten aus den Systemen, z. B. Produktionsplanungs- und Steuerungssystem (PPS-System), ergänzt werden.

Typische Daten zum Materialfluss

- Anzahl Aufträge
- Bestände vor, in und nach einem Prozess
- Transporte/Transportmittel
- Handlingstufen
- Durchlaufzeiten etc.

> Der Informationsfluss soll verstanden (!) und erfasst werden. Häufig liegen auch hier Ansatzpunkte für spätere Verbesserungen, beispielsweise unnötige Aufwände durch zwei Parallelsysteme oder der Arbeitsfortschritt ist auf der Systemseite nicht zeitnah erkennbar.

Typische Daten zum Informationsfluss

- Kommunikation in der Prozesskette (wer, wann, wo, wie, mit wem etc.?).
- Wie oft muss zurückgefragt werden (Rückfragequote)?
- Rückmeldepunkte/Prozessstatus.
- Eingesetzte Haupt- und Subsysteme (z. B. PPS-System SAP und abteilungsinterne Access-Datenbank).
- Weitere eingesetzte Medien (E-Mail, Telefon, Formulare, Auftragsmappen, Laufkarten etc.).

In den Interviews bzw. Gesprächen mit den Mitarbeitern werden die typischen Wertstromfragen gestellt (vgl. Anlage).

Typische Fragen in den Interviews

- Woher haben Sie Ihren Auftrag und wie melden Sie ihn ab?
- Wie heißt der Prozess und wie lange dauert er?
- Mit welchen Losgrößen wird produziert?
- Wie lange dauert das Umrüsten?
- Wie oft müssen Sie im Vorgängerprozess zurückfragen?
- Welche Informationsmedien verwenden Sie?
- Welche Schwachstellen sehen Sie im Istablauf?

5.3.3 Wertstrombild entwickeln

Anschließend wird das Wertstrombild im Team entwickelt. Dies gelingt gut mit Moderationskarten auf Metaplantafeln, die mit Brownpaper bestückt sind. Zuerst werden die einzelnen Prozesse auf Karten geschrieben und in der richtigen Reihenfolge angepinnt. Dann werden die Materialflüsse und Bestände eingezeichnet, anschließend die dazugehörige Informationswelt und die erkannten Schwachstellen (Kaizen-Blitze). Zum Schluss werden die Bearbeitungszeiten der einzelnen Prozesse eingetragen und die Durchlaufzeiten. Daraus wird transparent, wann am Auftrag gearbeitet wurde bzw. wann es keine Wertschöpfung gab. Wenn es keine Planzeiten gibt, dann können die Expertenschätzungen der Teammitglieder verwendet bzw. nach dem Workshop Daten ermittelt werden.

Die Gestaltung des Wertstrombildes verlangt vom Moderator einige Erfahrung. Typischerweise werden im Workshop zwei bis drei Metaplantafeln benötigt. Wichtig ist, die richtige „Flughöhe" zu finden, um einerseits ausreichend genau zu sein, jedoch sich nicht in tiefe Details zu verlieren. Es hat sich bewährt, zunächst die Pfeile zwischen den Prozessen mit Bleistift vorzuzeichnen und später erst mit Filzstift nachzuziehen. Gerade zu Beginn der Wertstromdarstellung werden noch zahlreiche Änderungen vorgenommen, bis das Team seine Linie gefunden hat (Bild 5.2).

Entwickeln des Wertstrombildes

- Am Prozessende den Kunden einzeichnen.
- Analog am Prozessanfang die Lieferanten einzeichnen.
- Prozesskarten (Name, Zeiten, Anzahl Mitarbeiter etc.) ausfüllen und Prozesse in Reihenfolge der Prozesskette „anpinnen“.
- Materialflüsse einzeichnen (Lager, Bestände, Transporte etc.).
- Informationssysteme entlang der Prozesskette ergänzen.
- Schwachstellen nummerieren und als sogenannte Kaizen-Blitze anpinnen.
- Unter dem Wertstrom Bearbeitungs- und Durchlaufzeiten ergänzen.

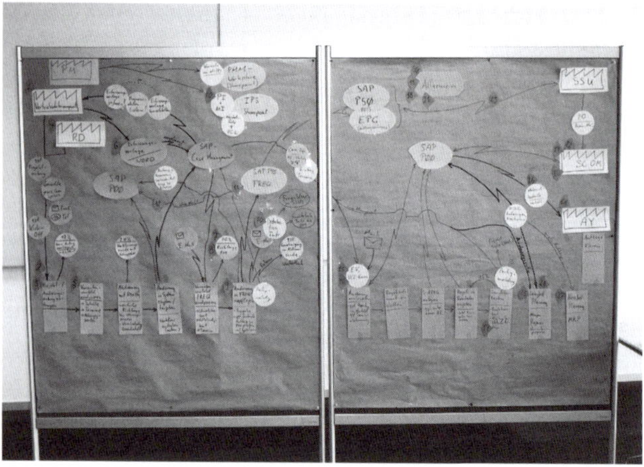

Bild 5.2 Entwickeln des Wertstrombildes (ohne Zeitschiene)

5.3.4 Ergebnisse aufbereiten und Handlungsfelder ermitteln

Anschließend macht das Team eine Zusammenfassung dessen, was man im Workshop erkannt hat unter Einbeziehung der Kaizen-Blitze. Es folgt eine Zusammenstellung möglicher Handlungsfelder für weitere Workshops oder ein Projekt, z. B. Reduzierung von abteilungsinternen Subsystemen oder Analyse der hohen Rückfragequoten.

5.3.5 Präsentation der Ergebnisse und Festlegen des weiteren Vorgehens

Zum Schluss werden die Ergebnisse von den Teammitgliedern dem zuständigen Management vorgestellt und die weitere Vorgehensweise abgestimmt. Die Präsentation sollte noch im Workshop vorbereitet werden (wer stellt was vor?) und sich auf die wesentlichen Erkenntnisse und Botschaften fokussieren. Eine schlechte Präsentation vor dem Management kann den besten Workshop in ein schlechtes Licht rücken.

Wichtig ist, dass nach dem Workshop die erkannten Schachstellen zügig beseitigt und die Potenziale auch ausgeschöpft werden. Nichts ist frustrierender wie gute und interessante Ergebnisse, die dann „nach kurzer Euphorie in Ablageordnern verschwinden“. Um die Umsetzung und Nachhaltigkeit sicherzustellen, sollte drei bis sechs Monate später ein Reviewtermin mit allen Beteiligten stattfinden. Wurden die Handlungsfelder bearbeitet, wurden die Ziele erreicht etc.? Wenn nein, warum nicht? Wenn Ziele nicht erreicht wurden, sollte gemeinsam mit dem Management gegengesteuert werden.

5.4 Exkurs: Verschwendung

WORUM GEHT ES?

Verschwendung ist, wenn Ressourcen nicht richtig eingesetzt bzw. verwendet werden. Beim Gang durch Büros und Fabrikhallen arbeiten vielleicht alle Mitarbeiter sehr intensiv und emsig. Aber bei genauerem Hinsehen drängen sich eventuell ein paar Fragen auf: Warum muss das Material noch einmal weggefahren werden? Warum muss die Vorrichtung oder die Arbeitsunterlage aus einem weit entfernten Regal geholt werden? Warum verlässt der Montagewerker ständig seinen Arbeitsplatz und kann nicht kontinuierlich an seinem Produkt arbeiten? Warum muss der Büroangestellte ständig für Rückfragen erreichbar sein? Warum beklagen sich Führungskräfte über die vielen ineffizienten Besprechungen? Nicht alles, was nach Wertschöpfung aussieht, ist es auch! Wertschöpfung kommt von „Werte schaffen“ - beispielsweise in Form von Produkten oder Dienstleistungen, für die der Kunde bereit ist, zu bezahlen. Es gilt zu erkennen, ob Tätigkeiten wirklich Werte schaffen, nur irgendwie unterstützen oder ohne Kundennutzen sind und somit als Verschwendung betrachtet werden.

Analysiert man Aktivitäten, so kann man in der Regel drei Arten von Tätigkeiten unterscheiden:

Wertschöpfende Tätigkeiten:

Wertsteigerungen können in einem Industriebetrieb u.a. durch Konstruieren, Be- und Verarbeitung erreicht werden. Beispiele hierfür sind

- Blech stanzen,
- Gewinde schneiden,
- Baugruppe konstruieren,
- Getriebe montieren und einstellen.

Unterstützende Tätigkeiten:

Sind für den Wertschöpfungsprozess unterstützend notwendig, aber stellen keine Wertschöpfung dar. Beispiele hierfür sind

- Bearbeitungszentrum umrüsten,
- Teile an die Maschine bringen,
- Zeichnungen holen,
- Rechner hochfahren,
- Absprache mit Kollegen.

Verschwendung:

Alle Aktivitäten, die für die Wertschöpfung nicht notwendig sind und Ressourcen verschwenden, beispielsweise

- hohe Rückfragequote, weil Informationen fehlen,
- Warten auf das Material,
- Suchen der Stanzvorrichtung,
- vermeidbarer Doppelaufwand in einem Prozess.

WAS BRINGT ES?

Der Wertschöpfungsanteil ist oft klein. Hohe Zeitaufwände für unterstützende Tätigkeiten und viele, oft schnell erkennbare Verschwendungen weisen auf Potenziale bzw. Probleme in der Prozessgestaltung und -abwicklung hin. Alle drei Tätigkeitsarten müssen bei Optimierungen fokussiert werden (Tabelle 5.1).

Tabelle 5.1 Zentrale Tätigkeitsarten bei Optimierungen

Tätigkeitsart	Beispiele für Optimierung
Wertschöpfung verbessern	▪ Hauptzeiten durch neue Werkzeuge reduzieren ▪ Wirtschaftlichere Technologien einsetzen
Unterstützende Tätigkeiten	▪ Rüst-Workshops ▪ Vorrichtungsoptimierung
Verschwendung	▪ Linien besser austakten ▪ Handlingstufen reduzieren ▪ Laufwege verkürzen ▪ Material und Werkzeuge in „Griffweite“ des Werkers bringen

WIE GEHE ICH VOR?

Aus den Lean-Ansätzen des Toyota-Produktionssystems leiten sich die sieben Arten der Verschwendung (Muda) ab:

- *Überproduktion (overproduction)*: Es wird produziert, ohne dass ein Bedarf besteht. Überproduktion zieht viele andere Probleme nach sich z. B. hohe Bestände, hohe Nacharbeitsaufwände im Fehlerfall.
- *Bestände (inventory)*: Bestände über das für die Produktion notwendige Maß hinaus binden unnötig Kapital, erhöhen die Durchlaufzeit, kosten Lagerkapazität.
- *Materialbewegungen und Transporte (material movement)*: Keine Wertschöpfung, Beschädigungsgefahr, Suchen und Rückfragen bezüglich des Aufenthaltortes. Viele Handlingstufen können ein Hinweis auf schlecht geplante Prozesse sein.

- *Wartezeiten (waiting)*: Vermeidbare Material-, Maschinen- und Mitarbeiterwartezeiten, oft auch ein Zeichen, dass nicht synchron gearbeitet wird.
- *Arbeitsprozesse (processing)*: Verschwendung in Prozessen gibt es in vielen Formen. Beispielsweise wenn die Leistungsfähigkeit von Maschinen und Anlagen nicht ausgenutzt wird, Prozesse falsch abgetaktet sind.
- *Bewegungen (motion)*: Mitarbeiter bewegen sich oft unnötig, haben lange Laufwege und können nicht kontinuierlich ihrer wertschöpfenden Arbeit nachgehen. Häufig sind die Werkzeuge und Materialien nicht griffbereit angeordnet.
- *Fehler und Korrekturen (correction)*: Behindern den Arbeitsfluss, verärgern den Kunden und zeigen, dass die Prozesse nicht stabil sind.

Weiter werden genannt:

- *Qualifikation der Mitarbeiter:* Wissen und Fähigkeiten der Mitarbeiter werden nur ungenügend genutzt.
- *Sicherheitsbedingungen*: Unsichere oder gesundheitsgefährdende Arbeitsbedingungen führen zu Fehlzeiten der Mitarbeiter.
- *Demotivierendes Arbeitsklima:* Fördert die innere Kündigung und lässt Mitarbeiter „Dienst nach Vorschrift" machen.

Systematisch Verschwendung in den eigenen Prozessen zu erkennen und nachhaltig abzustellen muss Ziel eines jeden Unternehmens sein. Es gibt eine Reihe von Methoden, die dabei unterstützen können wie etwa die Tätigkeitsanalyse und ein gelebter KVP-Prozess (vgl. Kapitel 8).

Eine einfache Leitlinie, wie beispielsweise eine „verschwendungsarme“ Logistik aussehen kann, geben die „5-R-Regeln“ – hier eine Version davon:

Das richtige Objekt zum richtigen Zeitpunkt in der richtigen Quantität und Qualität, versehen mit den richtigen Informationen am richtigen Ort, zu minimalen Kosten bereitstellen.

6 Das Wertstromdesign

WORUM GEHT ES?

Das Wertstromdesign konzentriert sich auf die kreative Entwicklung eines Sollprozesses, der in seiner Qualität, Durchlaufzeit, Verschwendungsarmut dem Istprozess deutlich überlegen sein soll.

Vor der Entscheidung zum Design eines neuen Wertstroms sind zwei grundlegende Festlegungen zu treffen: Welches Optimierungsziel hat der neue Prozess? Welche Freiheiten bestehen in der Prozessneugestaltung?

> Der Schritt der Wertstromanalyse darf nicht übersprungen werden, da ein gemeinsames Verständnis aller Beteiligten für den Istprozess Voraussetzung für einen auch im Detail guten Sollprozess ist. Dies gilt auch dann, wenn alle Beteiligten übereinstimmend der Auffassung sind, man könne gleich mit dem Sollprozess anfangen, weil der Istprozess überholt sei.

WIE GEHE ICH VOR?

6.1 Ziele

Idealerweise wurden die Ziele schon vor der Wertstromanalyse mit dem Auftraggeber besprochen. Spätestens jetzt sind sie nochmals zu hinterfragen bzw. zu konkretisieren. In der Leistungserbringung existieren häufig Zielkriterien, die nicht gleichzeitig voll erfüllt werden können, sondern sich ganz oder in Teilen widersprechen, wie z. B.:

- Auslastung/Bestand
- Auslastung/Durchlaufzeit

- Prozessstandards/individuelle Kundenwünsche
- Kosten/Schnelligkeit/Qualität
- FIFO/oder „wichtige“ Aufträge zuerst
- Kosten/Flexibilität
- Flächenbedarf/Flexibilität

Je nachdem welche Optimierungsgröße im Vordergrund steht, wird ein unterschiedlicher Sollwertstrom entstehen. Deshalb ist vor der Prozessneugestaltung durch Wertstromdesign zu bestimmen, welche Zielgrößen und welche „Position“ zwischen sich widersprechenden Zielgrößen angestrebt werden soll.

Oft erfordert dieses „sich positionieren“ eine Absprache mit dem (internen) Kunden, dem Vertrieb oder eine Entscheidung des Managements.

Es kann auch der Auftrag an das Wertstromteam sein, im Rahmen des Wertstromdesigns sinnvolle Ziele zu definieren. Wichtig dabei ist, dass alle relevanten Personen und Parteien vertreten sind und der Zielfindung ausreichend Zeit eingeräumt wird. Wichtig ist auch, dass das Management die im Workshop vereinbarten Ziele mitträgt. Ohne ein gemeinsames Ziel ist kein sinnvolles Wertstromdesign möglich.

Nur wenn das Optimierungsziel klar und die Positionierung hinsichtlich zuwiderlaufender Zielgrößen definiert ist, ist ein Wertstromdesign zielführend. Gibt es keine Vorgaben des Managements, muss das Optimierungsziel im Workshop vor dem eigentlichen Wertstromdesign erfolgen.

Viele Unternehmen(sbereiche) haben entscheidende unternehmerische Zielgrößen für sich nicht beantwortet. Im Geflecht widersprüchlicher Optimierungsgrößen gleitet so die Prozessoptimierung wie das Handeln der Beteiligten in die

Beliebigkeit ab. Ein stetes Bemühen ohne klaren Erfolg ist das Resultat.

Beispiele für Ziele

- Die Termintreue ist von 50 % auf 90 % zu steigern.
- Terminzuverlässigkeit hat dabei Vorrang vor Schnelligkeit.
- Eilaufträge sind von 30 % auf 5 % zu vermindern (gegebenenfalls durch verursachungsgerechte Kostenverrechnung).
- Auftragsbearbeitungsstand soll für den Kunden jederzeit abrufbar sein.
- Abarbeitung der Aufträge nach dem FIFO-Prinzip (First-In-First-Out).
- Eine Lieferfähigkeit gegenüber dem Kunden von 97 % ist gefordert. Ein höherer Wert wird zu Gunsten niedriger Bestände nicht angestrebt.

6.2 Rahmenbedingungen

Neu entwickelte Prozesse können in den seltensten Fällen ideal umgesetzt werden. Im Regelfall gibt es mehr oder weniger zahlreiche Einschränkungen und zu beachtende Randbedingungen, welche die Freiheit der Prozessgestaltung einengen. Diese können im Personal, der Infrastruktur, aber auch der begrenzten Umsetzungsressourcen liegen. Beispiele sind:

- räumliche Situation in der vorhandenen Fabrikhalle,
- bestehendes ERP-System muss ohne Anpassungen verwendet werden,
- bestehendes Personal soll weiterbeschäftigt werden,
- Schnittstelle zum Nachbarbereich wird als gegeben hingenommen (um es nicht zu kompliziert zu machen),
- Umsetzung muss in vier Monaten abgeschlossen sein.

6.3 Wege zum Sollprozess

Nach Betrachtung der Randbedingungen muss man sich mit dem Auftraggeber die Frage stellen, welche Chancen ein echter Neuprozess in der Umsetzung hat. Ist man mit dem bisherigen Prozess im Großen und Ganzen zufrieden und sind die Umsetzungsressourcen limitiert, dann empfiehlt es sich, auf eine komplette Prozessneugestaltung zu verzichten und eine Optimierung des Istwertstroms durchzuführen. Ist man der Auffassung, der bestehende Istprozess habe keine Zukunft mehr, dann empfiehlt sich das Wertstromdesign in zwei Schritten: Zunächst die Entwicklung des Idealwertstroms („Grüne-Wiese-Ansatz") unter (weitgehender) Nichtberücksichtigung der Randbedingungen. Diese werden erst im Anschluss eingeführt und so der Sollwertstrom und der Maßnahmenplan im zweiten Schritt abgeleitet.

Die zweistufige Vorgehensweise vom Ideal- zum Sollwertstrom ist deshalb wichtig, um die Kreativität und die Kundenorientierung bei der Neugestaltung nicht zu hemmen. Andernfalls kommt man kaum weiter als bei der Optimierung des Istwertstroms, allein der Aufwand ist weit höher (Bild 6.1).

Bei der Erstellung eines Sollablaufs spielen die Ziele und die Rahmenbedingungen eine wesentliche Rolle. Es gibt einfach nicht nur den einen Sollwertstrom, denn dieser ist immer von den Zielen und Rahmenbedingungen abhängig, jedoch auch von dem Wissen und der Erfahrung der Beteiligten. Wie in allen Designprozessen gibt es nicht „die" perfekte Lösung, sondern unterschiedliche gute Lösungen.

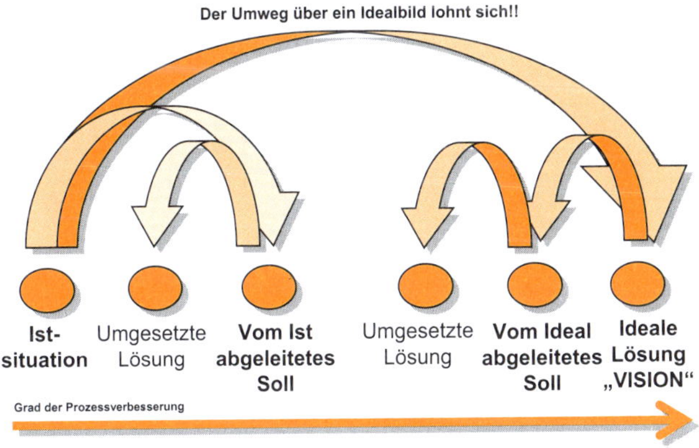

Bild 6.1 Vom Ist über ein Ideal zum Soll

Auftragsklärung

- Je besser die Auftragsklärung ist, desto zügiger und zielorientierter verlaufen der Wertstrom-Workshop und insbesondere das Wertstromdesign.
- Sind die Ziele des Auftraggebers eher offen formuliert, ist es sinnvoll, vor einem Wertstromdesign gemeinsam mit den Workshop-Teilnehmern maximal drei konkretere Ziele festzulegen.

Variante 1: Optimierung des Istwertstroms

Verzichtet man aus den genannten Gründen auf ein komplettes Neudesign des Prozesses, entsteht der Sollprozess durch Bearbeiten der Kaizen-Blitze des Istwertstroms. Der Verzicht auf ein Prozessneudesign von Grund auf, ist keinesfalls schmalspurig oder unambitioniert, sondern in vielen Fällen angebracht und pragmatisch. Ein Prozessneudesign mündet in aufwendige Projekte, die sich oft nur dann lohnen, wenn der bisherige Prozess inakzeptabel ist oder wegen Umstrukturierungen, Standortveränderungen oder IT-Systemwechsel ohnehin größere Veränderungen anstehen.

Die Umsetzung der Kaizen-Blitze geschieht in zwei Schritten: zunächst werden die Kaizen-Blitze identifiziert, die ein positives Aufwand-Nutzen-Verhältnis aufweisen. Für eine erste Bewertung bietet sich das Aufwand-Nutzen-Diagramm an, in das die Kaizen-Blitze eingetragen werden (Bild 6.2).

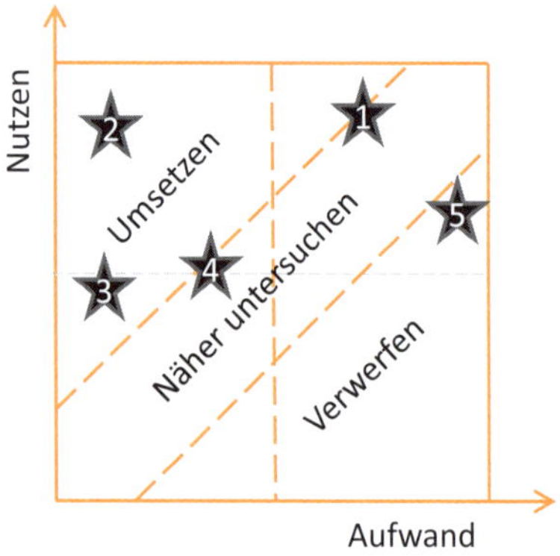

Bild 6.2 Aufwand-Nutzen-Diagramm

Das Diagramm kennt vier Quadranten. Der linke obere Quadrant kennzeichnet die „Quick-Wins", das heißt die Maßnahmen, welche bei geringem Aufwand einen hohen Ertrag bringen. Diese sind vorrangig umzusetzen. Alle weiteren Maßnahmen oberhalb der Diagonalen lassen wirtschaftlichen Erfolg erwarten. Maßnahmen unterhalb der Diagonalen sind zu verwerfen, solche auf oder in der Nähe der Diagonalen bedürfen der näheren Analyse. Bei der Umsetzungsentscheidung sollte man daran denken, dass 20 % der Maßnahmen oft 80 % des Ertrags bringen. Auf diese gilt es sich zu fokussieren.

Die Abarbeitung der Kaizen-Blitze geschieht in einem Projekt. Es empfiehlt sich für den Projektleiter, klare Verantwortlichkeiten für die einzelnen Maßnahmen zu vereinbaren, einen Aktivitätenplan zu führen und in regelmäßigen Reviews die Umsetzung nachzuverfolgen. Oft stoßen die Verantwortlichen für einzelne Kaizen-Blitze auf Hindernisse, bei der sie die Unterstützung des Teams benötigen.

Der Projektabschluss und damit der Sollwertstrom wird erreicht, wenn alle vereinbarten Kaizen-Blitze umgesetzt sind.

Variante 2: Wertstromdesign als „Grüne-Wiese-Ansatz"

Soll ein Prozess in seinen Grundzügen neu gestaltet werden, empfiehlt es sich unbedingt, zunächst die vielen Randbedingungen und Einschränkungen auszublenden und so zu planen, als hätte man alle Freiheiten. Diesen Ansatz nennen wir „Grüne-Wiese-Ansatz" weil wir so tun, als ob wir eine neue Fabrik auf der grünen Wiese planen. Wir haben den Platz und die Mitarbeiter und die Mittel, die wir brauchen.

Dieser Ansatz ist deshalb wichtig, weil die am Wertstromdesign beteiligten Experten oft in hohem Maße „betriebsblind" sind und sich sehr schwer tun, neue, kreative Lösungen zu finden, die bisherige Rollen, Abläufe und Systeme in Frage stellen. Berücksichtigt man von Anfang an enge Randbedingungen, wird die Wahrscheinlichkeit hoch sein, dass der vermeintliche Idealprozess dem Istprozess weitgehend gleicht.

Das Erarbeiten des Idealwertstroms im „Grüne-Wiese-Ansatz" geschieht wie die Wertstromanalyse im Workshop-Format. Der Workshop startet mit leeren Metaplantafeln und der Moderator muss einen geeigneten Einstieg in den Prozess finden. Dies ist in der Regel der Kundenbedarf oder Inhalt und Art des Auftrags zu Anfang des Auftrags.

- Randbedingungen und Einschränkungen bei der Erstellung des Idealwertstroms zunächst ausblenden. Es sollte so geplant werden, als wenn alles möglich wäre, wie auf der „grünen Wiese“.
- Fragen wie, „Was würden Sie tun, wenn es Ihre Firma wäre?“, können helfen, festgefahrene Denkmuster zu verlassen.
- Die Kenntnis von Kreativitätstechniken ist für den Moderator von Vorteil.
- Es gilt zu verhindern, dass Randbedingungen und insbesondere Killerphrasen in den Wertstrom einfließen, wie „Das haben wir schon probiert.“ oder „Es geht nicht, weil ...“.
- Wichtig ist, Bewährtes auch radikal in Frage zu stellen. Als Moderator können die infolge vorgestellten Regeln der Prozessgestaltung dazu dienen, geeignete Fragen zu stellen und Anregungen zu geben.

Während der Idealwertstrom entwickelt wird, gilt es z. B. auf Flipchart die „Aktionenpunkte“ festzuhalten, die notwendig sind, um den Idealwertstrom zu erreichen. Die Aktionspunkte werden durchnummeriert und können ähnlich der Kaizen-Blitze im Wertstrombild markiert werden. Man benötigt diese im späteren Umsetzungsprojekt.

Am Ende des Designs steht das vollständige Prozessbild und die Aktionspunkte, um zu diesem zu gelangen. Auch wenn dieser Idealwertstrom radikale Prozessänderungen und unrealistische Ziele beinhaltet, so stellt er ein Zielbild für die Entwicklung des realistischen Sollprozesses dar, in dem die Gegebenheiten und Randbedingungen Berücksichtigung finden (Bild 6.3).

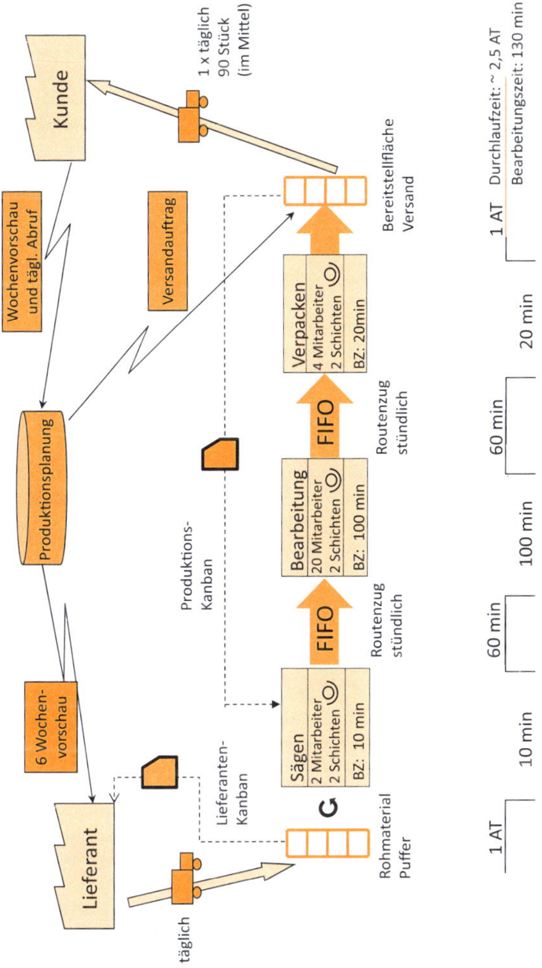

Bild 6.3 Beispiel für einen Idealprozess

Ableitung des Sollprozesses aus dem Idealprozess

Nun gilt es die anfangs formulierten Restriktionen und Randbedingungen zu betrachten. Oft sind dies vorhandene Infrastruktur wie Fabriklayout, IT-Systeme, Medienversorgung oder organisatorische Setzungen. Es sollten folgende Fragen gestellt werden:

- Wie können wir unter den gegebenen Randbedingungen den Idealwertstrom bestmöglich umsetzen?
- Welche der Aktionspunkte sind realistisch und vielleicht sogar einfach umsetzbar?
- Welche der Aktionspunkte sind nicht oder nur schwer umsetzbar?
- Was müsste geschehen, um die nicht oder nur schwer umsetzbaren Aktionspunkte zu realisieren (neue Fabrikhalle, neues IT-System etc.)?
- Gibt es Möglichkeiten, durch Vereinfachungen, Kompromisslösungen oder Improvisationen, Umgehungslösungen zu finden, welche ihren Zweck beinahe so gut erfüllen, wie die Ideallösung?

Häufig ist ein neuer Prozess auch ohne komplett neue Infrastruktur möglich. Wichtig ist, dass man mit dem Idealwertstrom ein Zielbild vor Augen hat und man so Lösungen anstrebt, die den späteren Umstieg auf das Ideal möglich machen, wenn Investitionen oder größere Veränderungen anstehen.

Ob der Sollwertstrom neben dem Idealwertstrom noch explizit gezeichnet werden muss, hängt vom Team bzw. den Anforderungen an die Prozessdokumentation ab. Oft gelingt das Sollwertstrom-Projekt ohne ein drittes Wertstrombild zu zeichnen.

Wichtig in der Umsetzung sind ein geordnetes Projektmanagement mit einem Projektleiter, einem Maßnahmenplan und Terminen zum Review des Projektfortschritts. Der Maßnahmenplan entsteht aus den bewerteten, ergänzten und nach Themengebieten zusammengefassten Aktionspunkten.

6.4 Gestaltungsregeln für Prozesse

Genauso wie es Gestaltungsregeln für die mechanische oder elektrische Konstruktion, Software oder auch Industriedesign gibt, so gibt es auch Gestaltungsregeln für gute Prozesse. Mit guten Prozessen meinen wir Prozesse, die den Kundenbedarf schnell, in hoher Qualität und Zuverlässigkeit sowie verschwendungsarm erreichen.

Besondere Bedeutung hat dabei die Gestaltung eines Flusses mit einem hohen Grad an Wertschöpfung und kurzen Durchlaufzeiten. Flüsse müssen - wie in der Natur - ganzheitlich, auch über Grenzen hinweg, betrachtet werden, sonst besteht die Gefahr einer Suboptimierung. Diese ganzheitliche Vorgehensweise hat sich in der betrieblichen Praxis bewährt, da man so zu neuen Lösungsansätzen und Potenzialen findet, mit denen man zu Beginn der Wertstromanalyse nicht unbedingt gerechnet hätte. Folgende Gestaltungsregel bei Umsetzungsprojekten können eine große Veränderungskraft entwickeln:

Das Prozesslayout einfach halten.

- Einfach ist gut - Prozessschritte, die dem Kunden nicht nutzen, sind zu eliminieren.
- Schnittstellen und Zuständigkeitswechsel reduzieren.
- Unnötige Iterationen und Prozessvarianten vermeiden.
- Einfache Regeln gegenüber Kunden und Lieferanten sowie innerhalb der Teilprozesse anstreben.
- Teilprozesse zeitlich und räumlich nahe zusammenbringen.

Alle Teilprozesse produzieren Qualität.

- Jeder Teilprozess ist selbst verantwortlich für die Qualität seines Outputs.
- Fehler, Nacharbeit, Rückfragen sind Verschwendung, verlängern die Durchlaufzeit und gefährden die Pünktlichkeit gegenüber dem Kunden.
- (Teil-)Prozesse müssen robust sein, d. h. unanfällig gegenüber vorhersehbarer Störungen (z. B. Krankheit von Mitarbeitern, Spätlieferung von Lieferanten).
- Methoden der statistischen Prozessregelung, Poka Yoke, Checklisten nutzen, um Qualität zu erzeugen und nicht herauszuprüfen.
- Die Qualität wird gemessen (Kennzahl) und ständig verbessert.

Die Wertschöpfung geschieht im Fluss.

- Die Wertschöpfung orientiert sich am Kundentakt.
- Die Arbeit geschieht, wenn möglich, Hand in Hand, ohne Liegezeiten, ohne Pufferlager.
- Die Durchlaufzeit ist vorhersagbar und wird zuverlässig eingehalten (Kennzahl Termintreue).
- Kundenaufträge werden nach dem FIFO-Prinzip abgearbeitet.
- Idealerweise ist FIFO physisch vorgegeben z. B. durch ein Montageband.
- Kundenauftragsneutrale Vorfertigung wird nach ziehenden Prinzipien (z. B. Kanban) gesteuert.
- Ist Losgrößenfertigung erforderlich, so werden die Losgrößen durch geeignete Regeln und Rüstoptimierung klein gehalten.

Späten Kundenkopplungspunkt und Schrittmacherprozess wählen.

- Die Wertschöpfung sollte möglichst lange auftragsneutral und damit variantenarm erfolgen.
- Varianten sollten möglichst spät durch Montage oder durch Varianten in „Billigteilen" gebildet werden.
- Varianten in teuren Langläuferteilen erhöhen die Durchlaufzeit und/oder die Bestände erheblich und sind zu vermeiden.
- Der Kundenauftrag wird an nur einer Stelle der Prozesskette, dem sogenannten Schrittmacherprozess, eingesteuert.
- Die Teilprozesse vor dem Schrittmacherprozess werden konsequent durch das ziehende Prinzip (Kanban) gesteuert und nach FIFO abgewickelt.
- Teure, wertschöpfungsintensive Prozesse werden möglichst an den Schluss der Wertschöpfungskette gelegt.

Aktuelle und transparente Informationswelt schaffen.

- Arbeit in Subsystemen (Excel, Access, E-Mail etc.) statt direkt im ERP-System vermeiden.
- Sind Subsysteme erforderlich, dann ist deren Zahl zu begrenzen und diese sind möglichst gemeinsam zu nutzen, damit alle den gleichen Stand haben.
- Die Informationswelt soll immer die Realität abbilden. Das heißt z. B. Lagerzu- und -abgänge sowie Transporte sind in Echtzeit abzubilden.
- Keine redundante Datenhaltung. Diese verursachen Fehler, Widersprüche und Verschwendung.
- Wenn möglich, stündliche Systemüberspielungen durchführen.
- Die Verantwortlichkeit für Grunddaten ist geregelt.

Abweichungen und Änderungen zeitnah kommunizieren.

Die Welt ist nicht perfekt. Kunden ändern ihre Wünsche, Unvorhergesehenes geschieht und Pläne müssen angepasst werden. So wird es immer eine Restmenge an Änderungen von Arbeitsinhalten oder Terminen geben. Schlimmer als die Änderung oder ein Fehler selbst ist, wenn nicht alle Betroffenen informiert werden:

- Abweichungen werden zeitnah und möglichst systemseitig bereitgestellt, damit sich alle auf die veränderte Situation einstellen können.
- Die Fehlerentdeckung, auch das Zugeben eigener Fehler, ist wichtiger Teil der Kultur.

Flexibilität, Glättung und Ressourcenmanagement umsetzen.

- Aufträge zeitlich und inhaltlich in eine Reihenfolge bringen, welche eine möglichst gleichmäßige Auslastung bewirkt (Heijunka).
- Ressourcenflexibilität, insbesondere in Engpassbereichen schaffen.
- Ressourcen so planen, dass Qualität und Termine immer gehalten werden können.
- Strukturen vermeiden, die wenig anpassungsfähig sind. Gleichgültig ob es sich um Organisation, Gebäude, Betriebsmittel oder Menschen handelt.

Zusammenfassung

Ein Wertstrom ist umso besser gestaltet, je ...

- ... kürzer, geradliniger, weniger unterbrochen die Prozesskette zwischen Auftragseingang und Zahlungseingang ist.
- ... stärker die Verkettung und Bündelung zwischen zeitlichen und räumlichen Aktivitäten ausfällt.

- ... weiter flussabwärts wertschöpfungsintensive Aktivitäten stattfinden.
- ... optimaler die Verbindung zwischen Material- und Informationsfluss ist.

Ein Material- und Informationsfluss ist umso effektiver, je ...

- ... weniger Medienbrüche entlang des Flusses erfolgen.
- ... gleichmäßiger und schneller der Fluss ist (One-Piece-Flow anstreben).
- ... frühzeitiger, robuster und integrativer die Meldung von Abweichungen einsetzt.
- ... besser die Koordination an Schnittstellen ist (Parallelarbeit vermeiden).

Eine Steuerung des Flusses kann umso besser erfolgen, je ...

- ... stärker Pullprinzipien statt Pushprinzipien angewendet werden.
- ... mehr Steuerungssystem und Prozess aufeinander abgestimmt sind.

  (In Anlehnung an Erlach 2007)

7 Anwendungsfelder

Die Einsatzfelder für die Wertstrommethode sind vielfältig, weil sie sich auf nahezu alle Prozesse in Industrie und Verwaltung anwenden lässt, vor allem wenn Durchlaufzeiten, Bestände und Verschwendung im Fokus stehen. Die ganzheitliche - oft nur mit geringem Aufwand verbundene - Sicht auf Prozessketten, bietet eine Fülle von sinnvollen Anwendungsmöglichkeiten:

- *Prozessgröße*: Die Prozessgrenzen sind fast beliebig skalierbar - vom Arbeitsplatz bis zur firmenübergreifenden Lieferkette. Das erlaubt es, „bottom up" bis „top down" zu agieren.
- *Prozessarten*: Es lassen sich Produktions-/Logistikprozesse genauso analysieren wie beispielsweise typische Büro-/ Planungs- oder Dienstleistungsprozesse. Nicht selten überlappen sich in der Praxis diese Prozessarten innerhalb einer Wertstromanalyse.
- *Verschiedene Sichten:* Es kann beispielsweise in einer Druckerei der Weg des noch unbedrucktem Papiers bis zum fertigen Druckprodukt am Warenausgang verfolgt werden. Aber Sie können auch die Einsatzplanung der Druckmaschinen in den Fokus nehmen oder einen Auftrag von der Anfrage, Kalkulation bis zur Rechnungserstellung. Damit entstehen mit wenigen Wertstromuntersuchungen aussagekräftige „Mosaike", die sich zu einem Gesamtbild fügen. Die Druckerei mit ihren Prozessketten und mit den damit verbundenen Stärken und Schwächen wird transparent.
- *Varianten*: Auch in der variantenreichen Produktion kann mit der Methode Transparenz bzw. eine verbesserte Auftragssteuerung erzielt werden. Dabei kommen Hilfsmittel

wie die Bildung von Produktfamilien oder Simulationswerkzeuge zum Einsatz.

- *Firmengröße*: Während in größeren Unternehmen oft in der Methode geschulte Mitarbeiter und praktische Erfahrungen mit der Wertstromanalyse anzutreffen sind, ist dies in mittelständischen Firmen eher die Ausnahme. Dabei kann die Methode auch gerade in kleineren Betrieben hilfreich sein, um Prozesse zu optimieren und wettbewerbsfähig zu bleiben. Eine Druckerei beispielsweise muss die Kundenwünsche oft innerhalb kurzer Zeit erfüllen können, sonst bekommt die Konkurrenz den Auftrag. Ein schlanker, durchlaufzeitorientierter Ablauf kann dazu entscheidend beitragen. Externe Wertstromberater können gerade im mittelständischen Umfeld eine gute Starthilfe sein.
- *Audit für Prozessverbesserungen*: In sinnvollen Abständen Prozesse erneut mit der Methode zu analysieren, kann aufzeigen, wo und in welcher Form Verbesserungsprojekte inzwischen erfolgreich waren bzw. wieder Impulse für weitere Verbesserungen geben.
- *Benchmark*: Wertströme können auch helfen, ähnliche Prozesse vergleichbar zu machen (Durchlaufzeit, Bestände, Wertstromquotient etc.). Allerdings sollte man sich sehr intensiv mit den jeweiligen Randbedingungen beschäftigen, um nicht zu falschen Schlüssen zu kommen.
- *Reengineering/Neuplanung*: Mit der Wertstrommethode lassen sich vorhandene Abläufe sinnvoll optimieren. Aber zunehmend werden auch neue Fabriken oder Produktionsbereiche schon nach Wertstromgesichtspunkten geplant, um von Anfang an die Basis für einen hohen Wertstromquotienten zu legen.

- *Einzelne Workshops/Unternehmensphilosophie*: der Einsatz der Wertstrommethode kann von einzelnen Workshops in der Werkstatt bis hin zur „Gestaltung einer ganzen Wertstromfabrik" reichen, die kontinuierlich in allen Unternehmensbereichen - vom „Auftrags- bis zum Zahlungseingang" - nach ständiger Verbesserung strebt.

Die Wertstrommethode kann auch genutzt werden, um andere Größen in den Fokus zu rücken, beispielsweise den Energieverbrauch entlang einer Prozesskette (Erlach 2009). Allerdings ist dies wesentlich aufwendiger als beispielsweise Bestände und Materialfluss zu analysieren. Man muss Messgeräte einsetzen, kann nicht wie bei Materialbeständen einfach zählen, wiegen oder die Daten aus einem System ermitteln. Aber wahrscheinlich werden Energiewertströme in den nächsten Jahren wichtige Bausteine werden, wenn Unternehmen ihren Energieverbrauch systematisch analysieren und planen.

7.1 Beispiele aus der Produktion

In diesem Abschnitt werden zwei eher einfachere Beispiele aus Montagebereichen vorgestellt, um aufzuzeigen, wie man Wertstromansätze in der Praxis erfolgreich anwenden kann. Die Prozesse sind entsprechend bildhaft skizziert, also keine umfangreichen Wertstromdarstellungen.

Beispiel 1:

In einer Vormontagegruppe werden u.a. auch zwei ähnliche Kleinbaugruppen von zwei Mitarbeitern montiert. Der Segmentleiter beauftragt im Rahmen eines Strukturprojektes seinen KVP-Mitarbeiter, sich die Prozesse anzuschauen und zu optimieren. Zusammen mit dem zuständigen Meister und dem Montageplaner laufen sie die Prozesskette ab und lassen sich von den beiden Mitarbeitern die Abläufe vor Ort zeigen und die Probleme schildern.

Zunächst werden für beide Kleinbaugruppen auf einer halbautomatischen Montageeinheit, jeweils von einer Bedienerseite aus und deshalb ohne Umrüstaufwände, verschiedene Lager in die Grundkörper eingepresst. Dies geschieht in Losgrößen. Auf dem Halbautomaten werden keine anderen Arbeiten getätigt. Anschließend werden die Baugruppen auf Transportwagen manuell circa zehn Meter weiterbewegt. Die eine Baugruppe wird auf dem Fertigmontageplatz final montiert (Welle eingefügt) und eingestellt. Bei der Schwesterbaugruppe haben sich die Werker eigenständig einen Hilfsarbeitsplatz eingerichtet, weil auf deren Fertigmontageplatz entgegen der Planung die Welle nicht eingeführt werden kann. Rückfragen zeigen, dass die Vorrichtung an einer Stelle Störkonturen hat. Keiner hatte die Vorrichtung nacharbeiten lassen. Daher wird die Kleinbaugruppe auf einem Transportwagen zum Hilfsarbeitsplatz und anschließend erst zum Fertigmontageplatz geschoben. Die Werker erhalten ihre Aufträge, indem sie ab und an bei ihren Kunden in der Nachbargruppe vorbeischauen und sich mit ihnen über den Bedarf abstimmen. Klappt mal besser und mal schlechter. Auf jeden Fall gibt es nicht unerhebliche Bestände, weil man durch die fehlende räumliche Nähe der eigenen Einrichtungen, aber auch zum Kunden hin, immer in Sicherheiten und Losgrößen denkt. Nebenbei kommen auch noch andere Probleme zum Vorschein. Es gibt beispielsweise Verwechslungsgefahren auf dem Halbautomaten. Wenn man die Lager des Schwesterbauteils versehentlich einlegt, dann werden die Lagerkäfige verdrückt. Dies geschieht öfters, besonders häufig wenn Aushilfskräfte unterstützten.

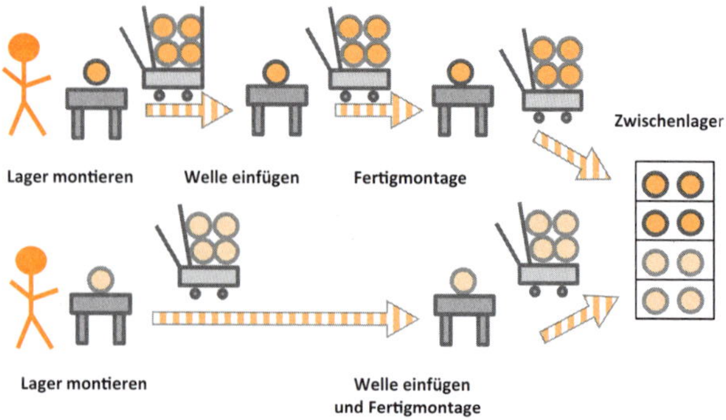

Bild 7.1 Der Istmontageablauf in einer Produktion (Beispiel 1)

Das kleine Team setzt sich zusammen und lässt zuerst einmal die Vorrichtung nacharbeiten, damit kann der Hilfsarbeitsplatz entfallen, anschließend werden die Wälzlager nach Poka- Yoke-Prinzipien so auf dem Halbautomaten angeordnet, dass es keine Verwechslungsgefahr mehr gibt. Später werden dann im Rahmen des Umstrukturierungsprojektes der Montagehalbautomat und die beiden Fertigmontagearbeitsplätze nebeneinander und direkt gegenüber dem Einbauort beim Kunden aufgestellt. Jetzt kann der Kunde direkt beauftragen (ziehendes Prinzip), Durchlaufzeiten werden kurz (One-Piece-Flow möglich), Handlingstufen und Wege minimiert.

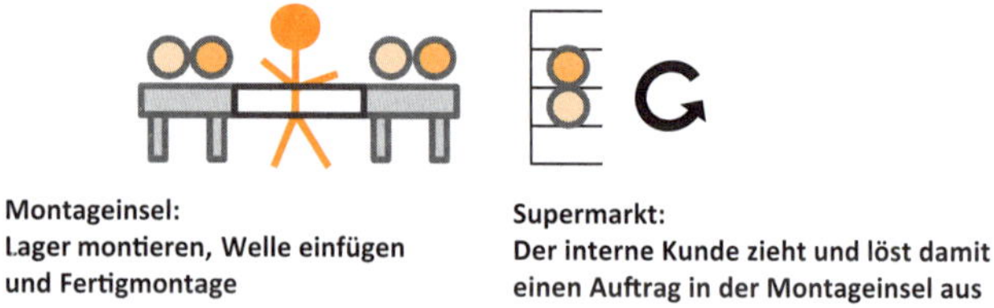

Bild 7.2 Der Sollmontageablauf in einer Produktion (Beispiel 1)

Beispiel 2:

In einer Montageabteilung werden unterschiedliche Typen von Baugruppen auftragsbezogen montiert, zwischengelagert und dann satzweise für den internen Kunden zusammengestellt und abgeliefert. Die Werker und Logistiker erhalten ihre Aufträge per System. Der Segmentleiter und seine Meister wollen transparentere Abläufe schaffen und die vielen Staplertransporte vermeiden. Im Rahmen eines größeren KVP-Projektes wird ein Team beauftragt, den Istprozess zu analysieren und eine Neugestaltung vorzunehmen.

Das Team wählt als Lösungsansatz eine FIFO-Bahn. Die Auftragseinlastung übernimmt ein Staplerfahrer, indem er die Grundkörper paarweise und kundenbezogen auf Satzgestelle in das einfache Transportsystem setzt und weiterschiebt. Die Werker arbeiten entlang der FIFO-Bahn, entnehmen die Grundkörper, setzen sie auf die spezifischen Plätze zum Montieren und legen sie dann später wieder auf die Satzgestelle ab. Am Ende werden die Satzgestelle entnommen und zum Kunden gefahren. Es gibt nun deutlich weniger Transporte, der Montagefluss ist klar erkennbar und der Produktionsstand und eventuelle Abweichungen werden auf der FIFO-Bahn transparent. Der Weg zu einem solchen Flusssystem ist nicht so einfach wie er hier dargestellt wird. Das Team hat dazu u.a. Auftrags- und Arbeitsplandaten ausgewertet und auch im Vorfeld eine Simulation des Gesamtsystems durchgeführt. Die Werker haben ihre Ideen und möglichen Bedenken dazu eingebracht. Neben technischen und organisatorischen Themen sind auch Sicherheitsfragen zu klären gewesen. Am Ende aber steht eine positive Bilanz, nicht nur eine transparentere Produktion ist geschaffen, sondern auch schnellere Durchlaufzeiten, weniger Bestände und ein kleinerer Flächenbedarf sind erzielt worden.

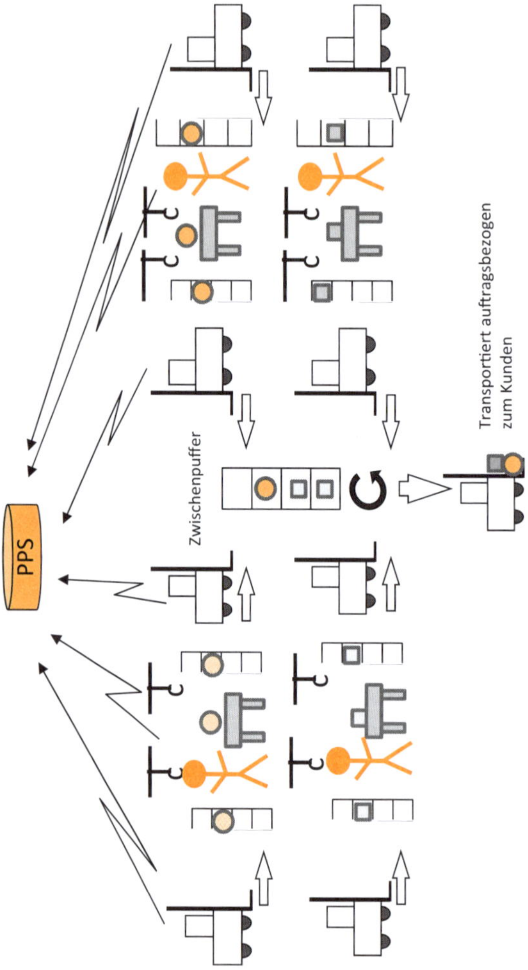

Bild 7.3 Der Istmontageablauf in einer Produktion (Beispiel 2)

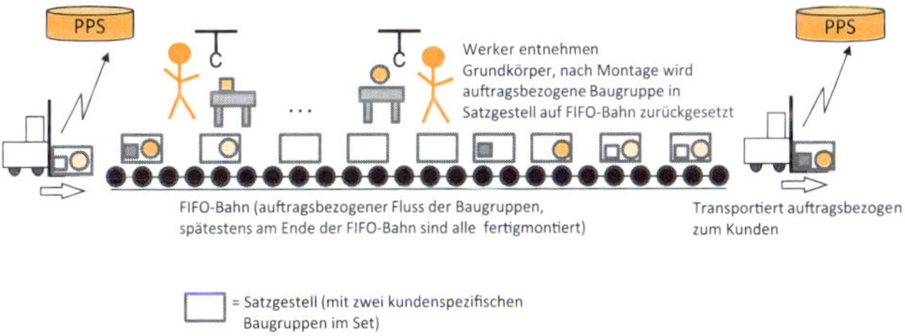

Bild 7.4 Der Sollmontageablauf in einer Produktion (Beispiel 2)

Lernstätten

Nutzen Sie bei einem Umsetzungsprojekt, überall wo möglich, Lernstätten oder -inseln. um auf der einen Seite die neuen Betriebseinrichtungen und Abläufe zu erproben und aber auch auf der anderen Seite, um die Mitarbeiter einzulernen.

7.2 Beispiel aus dem Bereich Lean Administration

Die Wertstrommethode findet zunehmend auch in Prozessen außerhalb der Werkstattbereiche Anwendung wie nachfolgendes Beispiel veranschaulicht.

In einer kaufmännischen Abteilung werden die Kundenbestellungen bearbeitet und die Auslieferung aus dem Lager beauftragt. Der neue Abteilungsleiter ist mit den Prozessen nicht zufrieden. Es gibt Medienbrüche, wenig Transparenz und er ist ständig in das operative Geschäft eingebunden. Die kaufmännische Prozesskette hat lange Durchlaufzeiten und kann nicht schnell auf Änderungen reagieren. Es ist ein hoher interner Aufwand in der Abteilung notwendig. Vieles ist in diesem Informationsfluss nicht optimal und bietet Ansätze für Verbesserungen. Der Abteilungsleiter setzt ein Team aus eigenen Mitarbeitern, die die bisherigen Abläufe kennen, und einen IT-Spezialisten des Betriebs ein, um die Situation zu verbessern.

Das Team entscheidet sich für ein System, in dem alle Grund- und Bewegungsdaten abgebildet werden und das von allen Mitarbeitern der Prozesskette genutzt wird. Alle Subsysteme werden abgelöst. Der Freigabeprozess durch den Abteilungsleiter wird neu geregelt, weil er häufig nicht am Platz ist und so manchmal Stunden oder auch mal ein bis zwei Tage vergehen, bis der Prozess weitergehen kann. Das IT-Workflow-System lenkt erst ab einer bestimmten Rechnungshöhe und bei einem bestimmten Kundenkreis den Freigabeprozess im System zum Abteilungsleiter. Ansonsten geben die Sachbearbeiter die Rechnungen selbst frei. Die Prozesskette wird schneller und transparenter, die Rückfragequoten gehen deutlich zurück. Der Abteilungsleiter hat jeden Tag eine Stunde mehr Zeit, weil er von Routinetätigkeiten entlastet worden ist. Effektivität und Effizienz sind nach der Einführung deutlich gestiegen. Trotz eines Anstiegs der Kundenaufträge im Folgejahr muss keine zusätzliche Person eingestellt werden. Weitere Optimierungen könnten Sinn machen, z.B. weniger Arbeitsteilung/Prozesse zusammenfassen oder an Lösungen arbeiten, wie die Kundenbestellungen schon in strukturierterer Form in die Abteilung kommen könnten. In der Praxis ist die beschriebene Umstellung ein Projekt, in dem viel zu klären und zu planen ist. Aber das soll bei dieser vereinfachten Beschreibung nicht in den Fokus gerückt werden.

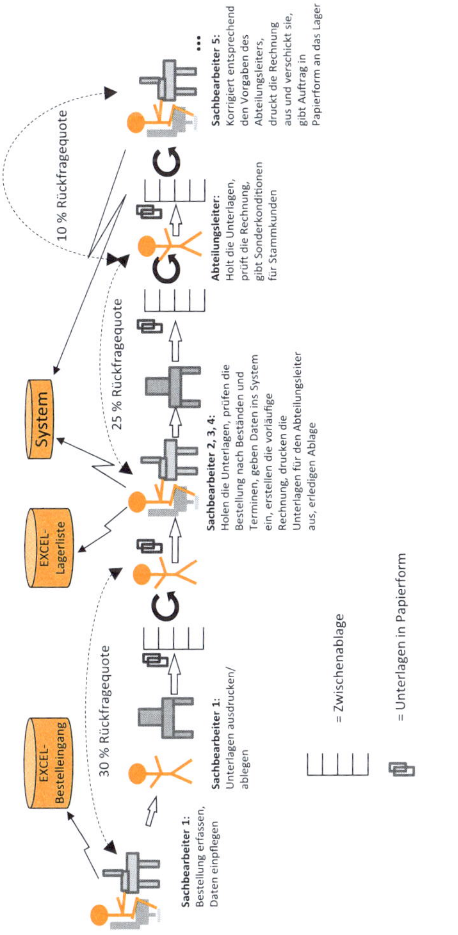

Bild 7.5 Der Istprozess in einer kaufmännischen Abteilung

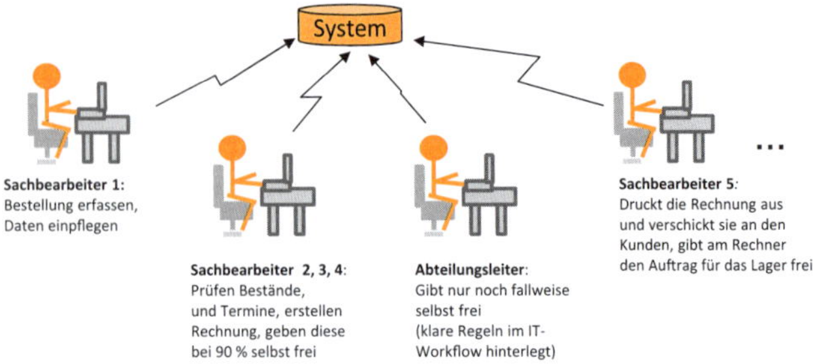

Bild 7.6 Der Sollprozess in einer kaufmännischen Abteilung

8 Erfolgsfaktoren

Um eine Wertstromanalyse und das darauffolgende Wertstromdesign erfolgreich durchführen zu können, sind eine ganze Reihe von wichtigen Punkten zu beachten.

Nachfolgend sind die wesentlichen Erfolgsfaktoren zusammengestellt. Dies beginnt bei einen klaren Managementauftrag und der damit verbundenen Bereitschaft, nach der Wertstromanalyse systematisch an Verbesserungen zu arbeiten. Ohne diesen ist das Scheitern oft vorprogrammiert. Was nicht im Managementfokus steht, hat keine Priorität und läuft Gefahr, im Sande zu verlaufen. Die Wertstrommethode ist zwar in der Anwendung gut beherrschbar und es gibt wesentlich komplexere Methoden, jedoch sollte man bei den ersten Gehversuchen auf einen erfahrenen Wertstrommoderator zurückgreifen. Haben Sie diesen nicht im Haus, lassen Sie sich von einem externen Berater helfen, bis Sie selbst ausreichend Routine aufgebaut haben. Ein schlechter Start in die Wertstromwelt prägt schnell ein negatives Methodenbild und kann für lange Zeit entsprechende Vorurteile schaffen. Da nach dem Workshop die eigentliche Arbeit beginnt, ist in der Umsetzung klar zu formulieren, wer in welcher Form und bis wann aktiv wird. Geben Sie quantifizierbare Ziele vor, wo dies möglich ist, denn an diesen lässt sich der Erfolg messen (z. B. Rückfragequote, Bestandshöhe, Durchlaufzeit, Flächeneinsparungen).

Je mehr sich das Management als Pate für die Methode sieht, umso mehr wird daraus eine Philosophie, die das ganze Unternehmen prägen kann („Wertstromfabrik“).

Wichtige Erfolgsfaktoren

1. Management als Sponsor und Treiber unterstützt aktiv.
2. Auftraggeber und Team haben sich über Ablauf und Ziele abgestimmt (gemeinsames Auftragsverständnis).
3. Moderator ist erfahrener Kenner der Wertstrommethode.
4. Workshop-Teilnehmer haben ein hohes Praxiswissen.
5. Informationen werden aus dem Linewalk entlang der Prozesskette gewonnen („vor Ort sein!").
6. Strukturierte Interviews und vorhandene Systemdaten ergänzen den Linewalk sinnvoll.
7. Mitarbeiter der Prozesskette stellen ihren Führungskräften die Workshop-Ergebnisse selbst vor (nicht der Moderator bzw. Wertstromkenner).
8. Es wird eindeutig festgelegt, wie, von wem und bis wann, die Workshop-Erkenntnisse weiter bearbeitet werden (z. B. von einem Projektteam).
9. Wo sinnvoll, werden quantifizierbare Ziele für das Projektteam vorgegeben (Reduzierung um X %).
10. Umsetzungsfortschritt bleibt nach dem Workshop im Fokus des Managements.

9 Unterstützende Methoden und Werkzeuge

9.1 Fließproduktion

WORUM GEHT ES?

Bei der Fließproduktion geht es um die Kopplung und Ausrichtung der Fertigungsprozesse. Dazu werden die Fertigungseinheiten (Maschinen und Handarbeitsplätze) entsprechend dem Fertigungsablauf angeordnet. Die Standorte sind so festgelegt, wie es die Reihenfolge der Arbeitsgänge erfordert. Darüber hinaus sollte auf eine zeitliche Abstimmung der einzelnen Arbeitsgänge geachtet werden.

Vielleicht haben Sie ja in Ihrem betrieblichen Umfeld noch eine klassische Losgrößenproduktion und kennen die damit verbundenen Phänomene. Es laufen viele voneinander isolierte Einzelprozesse die durch zahlreiche Zwischenlagerstufen miteinander verbunden sind. Hohe Bestände und lange Durchlaufzeiten prägen den Prozess. Mit technischen Rationalisierungsansätzen werden an der Werkzeugschneide die letzte Sekunden geholt und dann warten die Zwischenprodukte oft tagelang auf die Weiterverarbeitung. Mit einer Fließproduktion will man genau diese Wartezeiten und Lager zwischen den einzelnen Arbeitsstationen eliminieren. Eine drastische Reduzierung der Durchlaufzeit und Reduzierung der Umlaufbestände sind die Erfolge.

Fließende Produktion mit „Losgröße eins“ (One-Piece-Flow = Ein-Stück-Fluss) ist die Vision. Dabei bedeutet One-Piece-Flow ein arbeiten „Hand in Hand“, d.h. die Erzeugnisse werden ohne Zwischenlager von Arbeitsstation zu Arbeitsstation weitergegeben und ein begonnener Auftrag wird nicht mehr unterbrochen.

WAS BRINGT ES?

In der betrieblichen Praxis hat sich gezeigt, dass sich mit Einführung einer Fließproduktion die Durchlaufzeit drastisch verkürzen lässt. Gleiches gilt für die Verminderung der Bestände, da man im Prozess nur noch das Material benötigt, welches zur Aufrechterhaltung eines geregelten Produktionsbetriebs notwendig ist. Durch einen gerichteten Materialfluss und direkte Prozesskopplung werden unnötige Zwischenlagerungen vermieden. Da in der idealen Fließproduktion ein begonnener Auftrag quasi verschwendungsfrei von Arbeitsstation zu Arbeitsstation - ohne Unterbrechung - weitergegeben wird, kann man auch von einer Einzelstückproduktion sprechen. Dadurch wird es möglich, sehr flexibel auf den Variantenmix der Kunden zu reagieren. Eine reine Fließproduktion ist nur realisierbar, wenn die Rüstzeiten vernachlässigbar gering und die Bearbeitungszeiten für alle Produktvarianten gleich oder zumindest nahezu gleich sind. Daher liegt bei der Umsetzung einer Fließproduktion ein Schlüssel zum Erfolg bei der permanenten Reduzierung der Rüstzeiten (hauptzeitparalleles Rüsten) sowie dem Nivellieren, Glätten und Takten der Arbeitsstationen. Eine Fließproduktion wirkt nicht nur positiv auf die Bestände und die Durchlaufzeiten, sondern auch auf die Produktqualität. Mögliche Fehler werden viel schneller bemerkt als in der klassischen Losfertigung. Stillstände und Unterbrechungen im Fluss weisen sofort und unmittelbar auf Fehler hin. Der systembedingte Optimierungsdruck wird erhöht und somit die Notwendigkeit gesteigert, sich um stabile Prozesse zu kümmern.

Streben Sie die Fließproduktion an. Diese bietet kürzeste Durchlaufzeiten, geringste Bestände und reduziert Kosten für Ausschuss und Nacharbeit.

Auch in der Produktion kleiner und mittlerer Serien ist durch Rüstzeitminimierung, räumliche Nähe der Arbeitsstationen und Bearbeitung nach den FIFO-Prinzip (First-in-First-out) ein hohes Maß an Fluss möglich.

WIE GEHE ICH VOR?

Nur dadurch, dass Sie Arbeitsstationen neu anordnen und eine Bestandsreduzierung verordnen, ist eine Fließproduktion noch nicht automatisch umgesetzt. Die direkte Koppelung von Prozessen nach dem „Einzelstückfluss" reicht nicht aus, um einen kontinuierlichen Fluss umzusetzen! In einer Fließproduktion ohne die komfortablen - aber teuren - Sicherheitsbestände können Sie sich fragile Prozesse nicht mehr erlauben. Für die notwendigen „stabilen Prozesse" müssen Teilequalität und Verfügbarkeit der Arbeitsstationen stimmen. Versuchen Sie, Ihre Arbeitsstationen entsprechend der Arbeitsfolge anzuordnen. Versuchen Sie, die Rüstzeiten permanent zu reduzieren. In dem Maße wie Sie die Rüstzeiten reduzieren, reduzieren Sie auch Ihre Losgröße, um schließlich im Ideal den Einzelstückfluss (One-Piece-Flow) zu erreichen. Um teure Wartezeiten der Mitarbeiter an einzelnen Arbeitsstationen zu vermeiden, müssen in einem gekoppelten System die Prozessschritte aufeinander abgetaktet werden. Dies soll heißen, dass jede Arbeitsstation in einer bestimmten Zeiteinheit den gleichen Ausstoß erreicht. Wo eine direkte Prozessverbindung nicht möglich ist, muss über Supermarktlager (mit definierter Bestandsobergrenze) oder „FIFO-Bahnen" gekoppelt werden. Dabei ist auf Einhaltung der Produktionsreihenfolge zu achten. Da bei Reihenfertigung die Produkte in einer festen Reihenfolge, ähnlich der Aufreihung der Perlen in einer Perlenkette erfolgt, spricht man hier auch vom Perlenkettenprinzip. Flankierende Maßnahmen bei Einführung der Fließproduktion sind eine Qualitätsoffensive und die Umsetzung integrativer Instandhaltungskonzepte (TPM = Total Productive Maintenance).

Risiko Fließproduktion

Es scheint ein Widerspruch zu sein, dass man durch Schwächen des Systems stärker werden kann. Spätestens bei der Dimensionierung der Fließproduktion stellt sich die Frage, wie anfällig - oder besser: sensitiv - für Störungen (z. B. Fehlteile oder Qualitätsprobleme) ich meine Produktion gestalten will. Das Produzieren nach dem Fließprinzip erscheint riskanter, da Störungen durch Sicherheitsbestände nicht mehr aufgefangen werden können. Prozessunsicherheiten und Verschwendung lassen sich nicht mehr mit Beständen zudecken. Und genau dadurch entsteht dieser gewollte Optimierungsdruck der ungeahnte, kreative Kraft erzeugen kann. Denn das schnelle Erkennen von Abweichungen und der damit notwendigen raschen Reaktion erzeugt kurze Regelkreise. Dies ist der Weg der kontinuierlichen Verbesserung mit dem Ziel, stabile Prozesse zu etablieren und wirtschaftlich zu produzieren.

9.2 Push und Pull

WORUM GEHT ES?

Wo immer Produkte hergestellt werden, stellt sich die Frage, wer den Anstoß zur Produktion gibt. Wer heute das produziert, was nur wahrscheinlich, nicht jedoch sicher morgen gebraucht wird, arbeitet in einem Push-System. Auch in einem Push-System arbeitet, wer gemäß eines Produktionsplanes seine

Arbeitsergebnisse oder Produkte „einfach vor der Tür des (internen) Kunden abstellt“, also seine Erzeugnisse in den nachfolgenden Prozess hineindrückt, gleichgültig ob dieser sie unmittelbar benötigt oder nicht.

Wenn aber der Kunde am Ende einer Prozesskette die vorgelagerte Produktion beauftragt, quasi zieht, spricht man vom ziehenden Prinzip oder Pull-Prinzip. Ziehende Prinzipien der Produktionssteuerung haben in der Serienfertigung den Vorteil definierter und geringerer Bestände im Fertigungsprozess und kalkulierbarer Durchlaufzeiten. Bei sehr hochwertigen Zulieferkomponenten (z. B. Motor oder Getriebe beim Automobil) oder geringen, sporadischen Bedarfen kommt das ziehende Prinzip an Grenzen. Hier empfiehlt sich entweder die JIS (Just-in-sequence) oder im Fall seltener Varianten die Einzelbeauftragung. Bild 9.1 zeigt das Push- und Pull-Prinzip im Überblick.

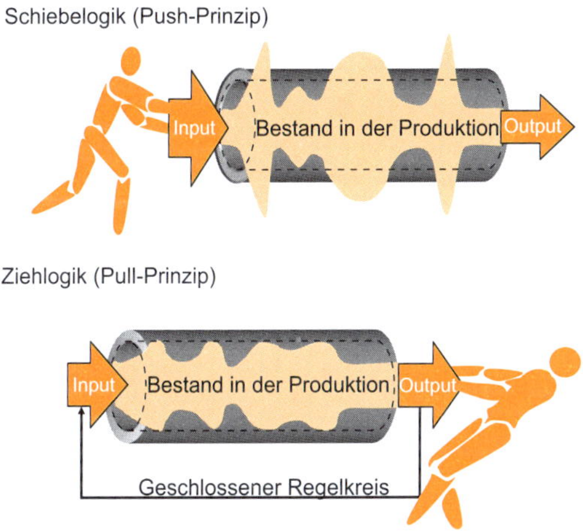

Bild 9.1 Push- und Pull-Prinzip

Welches Steuerungsverfahren für Ihre Prozesse aus betriebswirtschaftlicher Sicht sinnvoll sind, müssen Sie an Ihren Rahmenbedingungen spiegeln:

- Varianz und Bedarfsverhalten Ihrer Produkte
- Produktwert
- Kundenauftragsbezug

In der Vision von der „ideal schlanken Fabrik“ mit kurzen Durchlaufzeiten ist anzustreben, heute nur das zu produzieren, was heute noch gebraucht wird!

WAS BRINGT ES?

In der klassischen Produktionssteuerung geht man davon aus, dass man mit EDV-Unterstützung alle Aufträge bis ins kleinste Detail vorausplanen kann. Diese Variante des Push-Prinzips funktioniert jedoch nur unter Idealbedingungen: Die Kunden ändern ihre Aufträge nicht, die Lieferanten liefern immer pünktlich, die Qualität der Zulieferkomponenten und der internen Prozesse liegt bei 100 %, Maschinen, Mitarbeiter und Betriebsmittel fallen niemals aus. In der Realität führt dieser Weg häufig in die Irre, weil alle Produktionseinheiten nach strikter Planerfüllung weiterarbeiten, wenn es an nachfolgender Stelle Probleme gibt. Es bauen sich Bestände auf und Durchlaufzeiten werden unkalkulierbar.

Push-Systeme sind gekennzeichnet durch:

- Bedarfsorientierung (Bringprinzip),
- zentrale Steuerung und
- fixe Varianten.

Besser ist ein Produktionsablauf, in dem nur an einer Stelle, dem sogenannten Schrittmacherprozess, die Produktionsmenge gesteuert wird. Vorgelagerte Prozessschritte werden nicht durch ein Produktionsplanungssystem, sondern nach dem Pull-Prinzip z. B. durch Kanban gesteuert.

Im Gegensatz zu den auf zukünftige und damit unsichere Bedarfe ausgerichteten Push-Systemen orientiert sich das Pull-Prinzip am Verbrauch. Die Nachversorgung wird durch Unterschreiten eines definierten Bestandes zeitnah ausgelöst. Die zeitnahe Informationsweitergabe nach dem Motto „Ist was weg, muss was hin" gibt dem Lieferanten einen unmittelbaren Überblick zur aktuellen Bedarfssituation. An diese Information ist ein Versorgungsauftrag verbunden. Diese Beauftragung kann in selbststeuernden Regelkreisen erfolgen. Das Ergebnis ist eine Reduzierung von Lagerbeständen sowie eine Erhöhung der Flexibilität auf sich ständig verändernde Bedarfsmengen.

Pull-Systeme sind gekennzeichnet durch:

- Verbrauchsorientierung (Holprinzip),
- dezentrale selbststeuernde Regelkreise und
- flexible Reaktion auf kurzfristige Änderungen.

WIE GEHE ICH VOR?

Bei der auslastungsorientierten Auftragssteuerung nach dem Push-Prinzip zielen die Optimierungsansätze stark auf die Verbesserung der zentralen Steuerungssysteme ab. So versucht man unter anderem eine bessere Planungssicherheit durch den Einsatz von kollaborativen Planungssystemen zu erreichen, welche die aktuelle Ressourcensituation in einer finiten Planung berücksichtigen können. Also ein Planen gegen begrenzte und realistische Kapazitäten, die der aktuellen Produktionssituation entsprechen.

Diese neuen APS-Systeme (APS = Advanced Planning and Scheduling) versuchen durch ihren übergreifenden Ansatz einen für die gesamte Supply Chain optimalen und für alle Prozessbeteiligten machbaren Gesamtplan zu erzeugen.

Die Umsetzung des Pull-Prinzips zielt eher auf eine effizientere Ablaufgestaltung direkt in der Produktion. So ist z. B. die Einführung von Kanban eine bewährte Art und Weise, eine Produktionsablaufsteuerung nach dem Pull-Prinzip zu realisieren. Diese Art der Auftragsfreigabe orientiert sich ausschließlich am Bedarf der verbrauchenden Stelle im Prozessablauf.

In einem selbststeuernden einfachen Regelkreis wird durch Unterschreiten eines definierten Meldebestands beim Verbraucher/Kunden ein Nachversorgungsauftrag beim Lieferanten angestoßen. Dies kann z. B. durch Übergabe einer Kanban-Karte vom Verbraucher an den Erzeuger erfolgen. Im Gegensatz zur traditionellen Werkstattsteuerung, bei der die Aufträge mit Menge und Termin deterministisch vergeben werden, erfolgt die Beauftragung nach dem Kanban-Prinzip mit aktuellen Bedarfen und aktuellen Beständen. Doch ganz ohne PPS/ERP-System geht es auch bei Kanban nicht. Auch wenn die Materialnachversorgung in schnellen, selbststeuernden werkstattnahen Regelkreisen erfolgt, braucht man für die mittel- und langfristige Produktionsprogrammplanung PPS-Funktionen (Material- und Kapazitätsplanung).

Damit das ziehende Prinzip auch tatsächlich „lean" bleibt, muss man bei der Umsetzung einige Regeln zwischen Verbraucher und Erzeuger vereinbaren:

- Der Verbraucher darf keine Aufträge vorziehen (sonst entsteht beim Erzeuger ein vorzeitig erhöhter Materialbedarf).

- Der Erzeuger beginnt erst dann mit der Auftragsbearbeitung, wenn eine Bestellung vorliegt.
- Der Erzeuger darf nicht mehr als die vereinbarte Bestellmenge bereitstellen.
- Die Anzahl der „Kanban-Karten" ist dem Produktionsvolumen anzugleichen. Das Ziel ist, mit möglichst wenig Karten zu steuern.

Für Kanban sind in erster Linie Teile geeignet, die eine geringe Verbrauchsschwankung und eine relativ hohe Vorhersagegenauigkeit haben.

Bei hoher Varianz der Produkte und unstetigen Verbräuchen im Besonderen bei teuren selten gebrauchten kundenindividuellen Zulieferteilen würde eine Steuerung nach dem Kanban-Prinzip übermäßig hohe Bestände erzeugen. Mit dem Prinzip der produktionssynchronen Beschaffung versucht man, diese Bestände zu verhindern. Um dies zu erreichen, werden mit den Lieferanten längerfristige Liefervereinbarungen ausgehandelt, die unter anderem den Erzeuger verpflichten, die benötigten Materialien zum benötigten Termin anzuliefern. Bei einer Just-in-sequence-Belieferung (JIS) sorgt der Lieferant nicht nur dafür, dass die benötigten Module zur richtigen Zeit in der richtigen Menge angeliefert werden (das wäre dann „just in time"), sondern auch dafür, dass dies auch in der richtigen Reihenfolge (taktgenau „in sequence") passiert. Man kann auf diese Weise dem Ideal einer lagerlosen Produktion schon sehr nahe kommen.

9.3 Engpassmanagement

WORUM GEHT ES?

Wenn Sie die zuvor beschriebenen Wertstromprinzipien in Ihrer Fabrik oder Ihrer Organisation leben, werden Ihre Bestände im Prozess zunehmend geringer und die Durchlaufzeiten kürzer. Im Idealfall entsteht eine Wertschöpfungskette, bei der Material ohne Zwischenlagerung direkt von einem Prozess zum nächsten weitergeleitet wird. Dieser Fluss des Materials durch die Wertschöpfungskette setzt voraus, dass jeder Prozess jederzeit in der Lage ist, die anfallenden Aufträge in der erforderlichen Geschwindigkeit (im Takt) zu bearbeiten und weiterzureichen. Bestände zwischen den Prozessen, welche kurzfristig Ungleichmäßigkeiten zwischen den Prozessen ausgleichen können, sind sehr klein gewählt oder eliminiert. Nun leuchtet schnell ein, dass eine solche Wertschöpfungskette in ihrer Gesamtheit nur so leistungsfähig sein kann wie ihr schwächstes Glied. So wird sich die Geschwindigkeit/der Takt der Wertschöpfung an dem Prozess orientieren müssen, welcher momentan die geringste Leistungsfähigkeit besitzt. Dieser Prozess mit der geringsten Leistungsfähigkeit bestimmt die Leistung des Gesamtsystems, wir nennen ihn Engpassprozess (Bild 9.2).

Im Umkehrschluss arbeiten alle anderen Prozesse, welche über eine höhere Leistungsfähigkeit als der Engpassprozess verfügen, unterhalb ihrer Möglichkeiten. Dies heißt, es werden Ressourcen in Form von Mitarbeiter- und Maschinenkapazitäten wegen eines Engpasses nicht genutzt.

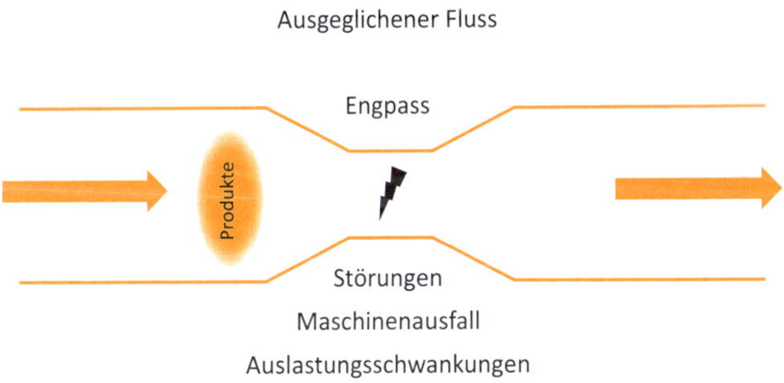

Bild 9.2 Engpassmanagement

WAS BRINGT ES?

Wenn es gelingt, den Durchsatz am Engpass zu erhöhen, winkt ein vielfacher Nutzen: Alle anderen Prozesse in der Wertschöpfungskette erfahren eine höhere Auslastung und arbeiten so effektiver und kostengünstiger. Es lohnt sich folglich besonders, den Engpass zu betrachten und zu optimieren, weil das Gesamtsystem davon profitiert, so lange jedenfalls, bis ein anderer Prozess zum Engpass geworden ist. Nun muss das Spiel am neuen Engpassprozess von vorn beginnen.

Das Engpassmanagement hat zum Ziel, Engpassprozesse zu erkennen, die Ursachen für den Engpass zu verstehen und den Engpass mit geeigneten Mitteln abzustellen.

WIE GEHE ICH VOR?

Engpassprozess erkennen

Es gibt immer einen Engpass. In einer Produktion ist ein Engpass leicht durch Stau an Material oder fehlende Versorgung nachfolgender Prozesse erkennbar. Findet sich kein Engpass, so liegt dieser außerhalb des betrachteten Systems, z. B. beim Zulieferanten oder am Markt, der die Produkte nicht aufnimmt.

Engpassprozess auslasten

Im ersten Schritt ist dafür Sorge zu tragen, dass der Engpassprozess besser ausgelastet wird. Stillstandszeiten sind aufzunehmen und abzustellen. Prozesszeiten, aber insbesondere auch Neben- und Rüstzeiten sind zu betrachten und gegebenenfalls zu optimieren. Verfahrensanweisungen, Regelungen und Gewohnheiten, welche den Durchsatz behindern, sind zu prüfen und gegebenenfalls zu streichen oder zu ändern.

Rahmenbedingungen verbessern

Hier gilt es zu schauen, welche Maßnahmen im Umfeld den Durchsatz am Engpass erhöhen können. Oft können (Neben-) Tätigkeiten in vorhergehende oder nachfolgende Prozesse verlagert werden. Auch wenn diese Tätigkeiten dort möglicherweise mit höheren Kosten erfolgen, kann sich diese Rechnung lohnen, weil der Engpass entlastet wird und der Gesamtdurchsatz steigt. Auch eine dritte Schicht, Samstagsarbeit oder das zeitweise Versetzen von Mitarbeitern sowie das Einstellen von Zeitarbeitnehmern sind Möglichkeiten, den Engpass zu entlasten. Gegebenenfalls findet sich ein Lieferant, welcher als „verlängerte Werkbank“ einspringen kann.

Kapazität erweitern

Helfen die genannten Maßnahmen nicht und der Engpass tritt dauerhaft oder wiederkehrend an der gleichen Stelle auf, so muss die Kapazität des Engpassprozesses erweitert werden.

Dies bedeutet in der Regel eine Investition in Maschine oder Mitarbeiter.

Engpässen wirksam vorbeugen

Ein sauberer Abgleich der Produktionskapazitäten bei Planung und Investition hilft, chronische Engpässe zu vermeiden. Auch eine Belegungsplanung auf Basis des Bestelleingangs sowie die Glättung des Produktionsmixes (Heijunka) helfen vorbeugend, vorhersehbare Engpässe durch eine angepasste Planung von Urlaub, Maschinenwartung, Schichtmodell zu entschärfen. Trotzdem werden durch kurzfristige Auslastungsschwankungen und Störungen wie Krankheit, Maschinenausfall nicht termingerechte Anlieferung von Rohmaterial immer wieder kurzfristig Engpässe auftreten! Hier helfen nur flexible Mitarbeiter, ein flexibler Maschinenpark und kurze Entscheidungswege, um Engpässe gleich nach dem Entstehen zu bekämpfen. Lassen Sie sich nicht durch das Rufen nach mehr Leuten und Maschinen irritieren, denn diese sind teuer und werden oft nicht benötigt. Meist sind es Verschwendung, fehlende Flexibilität, unnötige Regeln und lange Informations- und Entscheidungswege, welche Engpässe erzeugen oder verschärfen.

Engpässen wirksam begegnen

- Fokussieren Sie sich auf den Engpassprozess. Dieser ist der Schlüssel zu mehr Gesamtproduktivität!
- Informieren Sie sich täglich (gegebenenfalls stündlich) über Probleme und Engpässe in der Produktion.
- Fördern Sie die flexible Einsetzbarkeit Ihrer Mitarbeiter durch Schulung, Job-Rotation, Gruppenarbeit und Nutzung flexibler Arbeitszeitmodelle.
- Investieren Sie grundsätzlich in flexible Maschinen und Betriebsmittel.
- Produktionskapazität ist teuer. Erweitern Sie diese erst dann, wenn alle Möglichkeiten der Verschwendungsvermeidung, flexibler Arbeitsorganisation und Eliminierung störender Gewohnheiten und Regeln ausgeschöpft sind.

9.4 Rüstzeitoptimierung

WORUM GEHT ES?

Durch eine immer größere Variantenanzahl, kürzere Durchlaufzeiten und höhere Flexibilität in der Fertigung kommt immer mehr der eigentliche Rüstprozess einer Maschine oder Anlage in den Blickpunkt einer schlanken Fertigung. Rüsten ist das Vor- und Nachbereiten einer Maschine, Anlage oder eines Arbeitsplatzes, um einen Auftrag ausführen zu können.

Rüsten ist ein unterstützender, jedoch kein wertschöpfender Prozess. Rüstaufwände verhindern die wirtschaftliche Fertigung von kleinen Losen oder sogar Einzelstücken, erhöhen somit den Bestand und verhindern den Fluss des Materials durch die Produktion. Um Rüstzeiten optimieren zu können, muss das Erfahrungswissen der Mitarbeiter bzw. Maschinenbediener einfließen, denn sie sind die Experten an ihrer Maschine bzw. an ihrem Arbeitsplatz. Sie müssen neue Abläufe akzeptieren und in ihrer Arbeit umsetzen. Dazu gehören Schulung und Training, damit die angestrebten Veränderungen nachhaltig umgesetzt werden können.

Idealerweise ist eine Optimierung der Rüstzeit eine Methode in einem ganzheitlichen Gesamtkonzept, daher sollten im Vorfeld durch eine 5S(5A)-Aktion die ersten Verschwendungen eliminiert werden (5S/5A: Methoden zur Arbeitsplatzgestaltung).

WAS BRINGT ES?

Kürzere Rüstzeiten unterstützen den Wertstromgedanken. Um kleinere Losgrößen zu ermöglichen und die Flexibilität der Maschinen/Anlagen zu erhöhen, ist ein optimiertes und standardisiertes Umrüsten (Best-Practice-/externes und internes Rüsten) notwendig. Erst durch eine reduzierte Rüstzeit können die Losgrößen kostenneutral verkleinert werden.

Es gilt die Faustregel: Wird die Rüstzeit um 30 % reduziert, kann auch die Mindestauftragslosgröße um diesen Prozentsatz kostenneutral reduziert werden. Durch die detaillierte Analyse des gesamten Rüstprozesses wird die Verschwendung der einzelnen Arbeitsschritte erkannt. Nicht notwendige Handlingstufen, ineffektives Umfeld, weite Wege, Zeiten, die für die Suche von Werkzeugen oder Warten auf Dienstleister verschwendet werden, die für den Rüstprozess zuarbeiten, sind nur einige Punkte, die im Analyseprozess erkannt werden.

Dauerhafte Erfolge stellen sich ein, wenn die Aktivitäten durch wirksame Rahmenbedingungen auf betrieblichen Ebenen aktiv und konsequent unterstützt werden. Gemeint sind hier z. B. Unterstützungen durch die Arbeitsplanung, logistische Bereiche, Werkzeugvoreinstellungsgruppe usw.

WIE GEHE ICH VOR?

Am Anfang eines jeden Rüst-Workshops steht das sogenannte Auftragsgespräch mit dem Auftraggeber. Bei diesem Gespräch werden die Ziele, Grenzen und Rahmenbedingungen, am besten schriftlich, definiert und abgestimmt. Die Teilnehmer und deren Kapazität werden festgelegt sowie die Maschinen oder Anlagen, die optimiert werden. Durch einen genau festgelegten Terminplan entsteht für alle Teilnehmer die gewünschte Transparenz.

Einige Tage vor dem Workshop werden die Mitarbeiter des Bereiches über diese geplante Aktion informiert. Es werden die Ziele kommuniziert, der Terminplan vorgestellt und eine kurze Information, wie der Workshop abläuft, präsentiert. Jetzt kann auch auf Fragen oder Unklarheiten eingegangen werden. Die Informationen können nun noch am Aushang/schwarzem Brett ausgehängt werden.

Der eigentliche Rüst-Workshop gliedert sich in drei Phasen:

- **Phase 1** – Jeder Teilnehmer im Workshop bekommt seine Aufgabe (Rolle) zugeteilt, es werden Standardaufnahmeblätter und Checklisten für die Istaufnahme ausgegeben und vor Ort erste Eindrücke gesammelt. Ziel dieser ersten Phase ist die detaillierte Aufnahme des Rüstprozesses. Als Hilfsmittel kann auch ein Video die Istaufnahme verbessern.
- **Phase 2** – Der Istablauf wird nun mit Hilfe der Prozess- und Datenblätter auf Flipchart und Brownpaper aufgezeichnet und visualisiert. Das sogenannte Istdrehbuch wird mit Hilfe der Informationen und eventuellen Videoaufnahmen zusammen mit den Teilnehmern ausgearbeitet und erstellt.

Dabei können Sie durch die Diskussion erste Erkenntnisse und Optimierungen erkennen. Stellen Sie daher immer wieder die Frage: „Kann der Vorgang entfallen oder verbessert werden?" Durch Hinterfragen der bestehenden Abläufe können Optimierungen und Maßnahmen erarbeitet werden.

- **Phase 3** – Im neu erstellten Ablauf eines Rüstprozesses wird unterschieden in ein externes und internes Rüsten. Beim externen Rüsten läuft die Maschine/Anlage noch und ist produktiv und nur im internen Rüsten steht sie. Mit Checklisten und einem optimierten Solldrehbuch wird der gesamte zukünftige Rüstprozess unterstützt und beschrieben. Notwendige Verbesserungen und Optimierungen an Vorrichtungen, Hebezeugen und sonstigen Hilfsmitteln werden durch geeignete Maßnahmen vor Ort umgesetzt. Mit der Durchführung des neuen Rüstprozesses werden die Ergebnisse überprüft und eventuell angepasst. Die Teilnehmer des Rüst-Workshops präsentieren die Ergebnisse und Verbesserungen dem Management am Ende des Workshops.

Den Zeitaufwand von zwei bis vier Tagen für einen Rüst-Workshop kann als grober Anhaltspunkt genannt werden.

Nutzen Sie einen Maßnahme- oder Projektplan, um die Verbesserungen, die noch nicht umgesetzt wurden, zu unterstützen und voranzubringen.

Ein nachfolgendes Trainingskonzept für alle Mitarbeiter, die die Maschinen/Anlagen bedienen, ist Grundvoraussetzung für die Anwendung der neuen Rüstabläufe. Mit allen betroffenen Mitarbeitern müssen die Checklisten und das Solldrehbuch durchgesprochen und deren Fragen beantwortet werden. Eine fundierte Begleitung während des Trainings unterstützt die Mitarbeiter, sich auf die neue Situation einzustellen.

Trainieren Sie mit den Beteiligten

Glauben Sie nicht, dass durch ein einmaliges Training nach den Vorgaben eines Rüstdrehbuches dieses Vorgehen den Mitarbeitern in „Fleisch und Blut" übergegangen ist. Hier sind Ausdauer und ein langer Atem seitens der Verantwortlichen notwendig. Nur wenn die Mitarbeiter verstehen bzw. selbst erleben, dass es sinnvoll und vorteilhaft ist, nach dem neuen Ablauf die Maschine oder Anlage zu rüsten, besteht die Chance, nicht wieder in alte Muster zurückzufallen.

Im Sinne einer kontinuierlichen Verbesserung und Optimierung kann nach einigen Monaten ein weiterer Rüst-Workshop eingeplant werden, dabei wird sich der tatsächliche Umsetzungsgrad der ersten Rüstoptimierungen erkennen lassen.

Ein wichtiges Hilfsmittel ist die Standardisierung der verwendeten Werkzeuge, Vorrichtungen und Maßnahmen, wie:

- Einführung von Schnellspannvorrichtungen,
- standardisierte Verschraubungen und Vorrichtungen,
- Anwendung der Prinzipien KVP und Poka Yoke,
- externes Einstellen der Werkzeuge auf ein definiertes Maß,
- paralleles Arbeiten mehrerer Mitarbeiter,
- Festlegen des Rüstvorganges mit Checklisten und Arbeitsanweisungen.

9.5 TPM

WORUM GEHT ES?

TPM ist die Abkürzung von Total Productive Maintenance. Dabei steht im Vordergrund, die Verfügbarkeit von Anlagen und Maschinen zu erhöhen, um Störungen im Produktionsfluss zu vermeiden. Je schlanker die Abläufe und je kleiner die Bestände werden, umso gravierender wirken sich Maschinenstörungen aus. Es gibt weniger Material zwischen den Prozessen und damit werden schnell immer mehr Folgebereiche ebenfalls betroffen und die Liefertermine sind nicht mehr einzuhalten. TPM fokussiert dabei den Aufbau eines umfassenden Instandhaltungskonzeptes, das auch die Mitarbeiter vor Ort - in begrenztem Umfang - mit einbezieht. TPM bedeutet auch immer häufiger Total Productive Management und hat damit die Systemgrenze der Instandhaltung verlassen. Im Rahmen unserer Wertstrombetrachtung wollen wir aber darauf nicht eingehen.

TPM (Total Productive Maintenance) hat seine Wurzeln in der Instandhaltung. Dabei geht es primär darum, durch umfassende, ganzheitliche Konzepte bzw. abgestimmte Maßnahmen die Anlagen- und Maschinenausfälle systematisch zu reduzieren. Es werden nicht nur interne/externe Instandhalter, sondern auch die Maschinenbediener mit einbezogen. Letztere übernehmen beispielsweise Reinigungsarbeiten. Bei fachlichen Voraussetzungen und nach intensiver Schulung sind in begrenztem Rahmen auch kleinere Inspektions- und Wartungsarbeiten möglich - Gesetze, Bestimmungen, Vorschriften usw. sind in diesem Zusammenhang unbedingt zu beachten, sie können den Handlungsspielraum begrenzen.

WAS BRINGT ES?

Was nutzen die besten Abläufe, wenn Engpassanlagen ständig zu Störungen und Problemen führen. TPM unterstützt ein Unternehmen dabei, seine Instandhaltung optimal in die Produktion zu integrieren. Ziel ist es, die Anlagenverfügbarkeit systematisch und konsequent zu verbessern. Mit TPM lassen sich aber auch noch eine ganze Reihe weiterer Ziele verfolgen wie etwa die Reduzierung von Ausschuss und Nacharbeit, eine wirtschaftlichere Instandhaltung und Team-Spirit durch verstärkte Mitarbeiterbeteiligung.

WIE GEHE ICH VOR?

Zunächst einmal sollte man sich **Transparenz** über die aktuelle Situation verschaffen (Anlagenausfälle, Ursachen, Einrichteverluste, Qualitätsmängel etc.). Daraus lassen sich Schwerpunktprobleme ableiten, die systematisch zu beseitigen sind.

Die **Einbeziehung der Mitarbeiter** vor Ort ist ein nächster wichtiger Schritt. Dabei übernehmen die Produktionsmitarbeiter in begrenztem, klar festgelegtem Umfang einfache Instandhaltungstätigkeiten (autonome Instandhaltung). Der Umfang hängt unter anderem von ihrer Ausbildung, aber auch von rechtlichen Bestimmungen/Vorschriften usw. ab, die Grenzen aufzeigen. Abgestimmte Wartungs-, Reinigungspläne und Checklisten (produkt-, anlagenspezifisch) dienen als Vorlage. Viele Unternehmen beginnen zunächst einmal mit 5S, lassen ihre Mitarbeiter aufräumen und Schwachstellen und Probleme erfassen.

Vorbeugende bzw. geplante Instandhaltung durch interne bzw. externe Fachleute mit hohem Instandhaltungskenntnissen stellt sicher, dass die Anlagenverfügbarkeit auf hohem Niveau bleibt.

Bereits bei der Planung, Beschaffung und Inbetriebnahme von Maschinen und Anlagen sollten Instandhaltungsaspekte einfließen (präventive Instandhaltung).

Systematische und umfassende **Schulung bzw. Trainings** für die Mitarbeiter sind notwendig, um genügend Praxiswissen in Produktion und Instandhaltung aufzubauen bzw. kontinuierlich weiter zu verbessern.

Um Erfolge bzw. Abweichungen sichtbar zu machen, gibt es eine Reihe von **spezifischen Kennzahlen** in diesem Umfeld. Die OEE-Kennzahl (OEE = Overall Equipment Effectiveness) ist eine der bekanntesten. Sie kann mit Gesamtanlageneffektivität (GAE) übersetzt werden und zeigt auf, wie wertschöpfend eine Anlage bzw. Maschine im Produktionsablauf eingesetzt wird. Die OEE-Kennzahl ist dabei das Produkt aus Verfügbarkeits-, Leistungs- und Qualitätsfaktor.

9.6 Tätigkeitsanalyse

WORUM GEHT ES?

Um Potenziale in den Arbeitsprozessen zu erkennen, muss man sie detailliert betrachten. Im Rahmen von Wertstromaktivitäten hat dies eher weniger mit REFA-Zeitstudien oder MTM-Analysen zu tun. Es kann schon ausreichend sein, Mitarbeiter in ausgewählten Prozessschritten oder im Tagesgeschäft einfach zu begleiten, um zu erkennen, wo Verbesserungsansätze zu finden sind. Dabei geht es weniger darum, mit welcher Geschwindigkeit von einem Mitarbeiter (Leistungsgrad) eine Arbeit erledigt wird, als viel mehr darum, zu analysieren, welche Tätigkeiten nicht wertschöpfend bzw. Verschwendung sind.

Durch Begleiten eines Arbeitsprozesses und systematisches Analysieren der einzelnen Arbeitsschritte lassen sich Potenziale für Verbesserungen erkennen. Arbeitsschritte können nach Wertschöpfung, unterstützender Tätigkeit und Verschwendung unterschieden werden (vgl. auch Abschnitt 5.4).

WAS BRINGT ES?

Mit einer Tätigkeitsanalyse erkannt man in der Regel recht schnell Probleme und Schwachstellen. Wenn Produktionsmitarbeiter oft kilometerlange Laufwege am Tag haben, dann liegen die Ursachen wohl darin, dass zu viel benötigtes Material oder Equipment nicht in Arbeitsplatznähe sind. Vorgesetzte sind oft überrascht, wie groß die nicht wertschöpfenden Arbeitsanteile sind. Tätigkeitsanalysen schaffen Transparenz und ZDF (Zahlen - Daten - Fakten).

WIE GEHE ICH VOR?

Vor einer Tätigkeitsanalyse sind Mitarbeiter und Betriebsrat zu informieren. Eine Tätigkeitsanalyse erfordert am Anfang etwas Übung. Der Beobachter begleitet den Mitarbeiter bei seiner Arbeit, schreibt die Teilaktivitäten auf, erfasst die Zeiten, entscheidet, ob sie wertschöpfend sind, welche Verschwendung sie enthalten usw. Häufig macht es auch Sinn, die Laufwege des Mitarbeiters mit zu erfassen („Spaghettidiagramm“). Vorab erstellte Erfassungsformulare können dabei hilfreich sein (Tabelle 9.1).

Tabelle 9.1 Beispiel einer Tätigkeitsanalyse im Wareneingang/-ausgang

Tätigkeit	Zeit in Minuten	Tätigkeitsart	Laufweg in Metern
Verpackungsmaterial holen	4	Verschwendung	120
Warten auf Stapler	2,5	Verschwendung	

Tätigkeit	Zeit in Minuten	Tätigkeitsart	Laufweg in Metern
Teile wiegen, im System erfassen und verpacken	3	wertschöpfend	4
Kran „holen“ zum Umsetzen	0,5	unterstützend	20

9.7 KVP

WORUM GEHT ES?

KVP beschreibt den Prozess einer „ständigen Verbesserung“ in kleinen Schritten, in den alle Mitarbeiter, letztlich das gesamte Unternehmen einbezogen werden (KVP = Kontinuierlicher Verbesserungsprozess). Der japanische Begriff dazu heißt „Kaizen“.

Es gilt daher eine kontinuierliche Verbesserung aller Prozesse mit dem Ziel der Kostensenkung, Qualitätsverbesserung und Durchlaufzeitverkürzung anzustreben, durch die Eliminierung aller nicht wertschöpfenden Tätigkeiten (Verschwendung [Muda]) durch alle Mitarbeiter.

Die KVP-Philosophie ist nicht die sprunghafte Verbesserung durch Innovationen, sondern eine schrittweise und kontinuierliche Optimierung und Perfektionierung von Fertigungs-, Ablauf- und Informationsprozessen. Die KVP-Organisation/-Umsetzung im Unternehmen ist eine wichtige Führungsaufgabe. Das Management ist gefordert, wenn es gilt, eine Verbesserungskultur aufzubauen und vorzuleben. Für alle, Mitarbeiter und Vorgesetzte, sollte es selbstverständlich sein, die kontinuierliche Verbesserung als eine tägliche und permanente

Aufgabe zu sehen. Jeder Mitarbeiter beginnt bei sich selbst und seinem Arbeitsumfeld.

WAS BRINGT ES?

In der Industrie wird gerne allzu oft nach schnellen Lösungen durch Innovationen gesucht. Neue Maschinen oder neue Technologien erzielen alleine aber oftmals nicht die gewünschten Ergebnisse. Durch ein KVP-Konzept erreicht man über die Jahre eine aufwärts gerichtete Verbesserungsschleife, die sehr stark durch die Mitarbeiter getragen und gelebt wird. Zudem kann es zu Motivationssteigerungen bei den Mitarbeitern kommen und es erhöht sich ihre Bereitschaft, Verantwortung zu übernehmen. Durch die vielen kleinen Verbesserungen und guten Ideen werden Verschwendungen abgebaut, die in Summe auch zu großen monetären Einsparungen führen können. Mit KVP wird daher eine ständige Produktivitätssteigerung erreicht.

Hier nur einige Beispiele:

- Es wird erkannt, dass Material oft in Zwischenpuffern gelagert wird und durch die vielen Handlingstufen eine erhöhte Beschädigungsgefahr besteht.
- Suchaufwände werden durch „Shadow Boards" und aufgeräumte Werkzeugschränke deutlich reduziert.
- Bewegungsabläufe werden verbessert und das Unfallrisiko sinkt.
- Betriebsmittel und Arbeitsumfeld werden ergonomischer gestaltet.
- Arbeitsabläufe werden verbessert und Verschwendungen aller Art reduziert.

- Regeln für eine bessere Zusammenarbeit mit anderen Abteilungen werden erstellt und abgestimmt.
- Die Mitarbeiter lernen systematisch, sich an einen Problemlösungsprozess zu halten, Fehler und Probleme, soweit es in ihren Möglichkeiten steht, selbst zu lösen.

Eine regelmäßige wöchentliche Begehung durch das Management wird die Akzeptanz und Motivation der Mitarbeiter stärken. Bei diesen Begehungen können die Mitarbeiter ihre umgesetzten Verbesserungen direkt und persönlich vor Ort dem oberen Management vorstellen und präsentieren. Bei diesen Treffen wiederum kann das Management durch gezielte Fragen und Diskussionen weitere Verbesserungen initiieren.

WIE GEHE ICH VOR?

Idealerweise ist die KVP-Organisation in ein ganzheitliches Produktionssystem eingebunden. Kleinere Themen im direkten Arbeitsumfeld des Mitarbeiters kann und soll er selbständig, nur in Absprache mit seinem Vorgesetzten, umsetzen.

Zeitlich kurz gehaltene Workshops richten das Augenmerk der Mitarbeiter gezielt auf Verbesserungspotenziale ihres Bereiches, die sie als Team gemeinsam angehen können. Sie lernen dabei, systematisch Verschwendung zu erkennen und aktiv zu beseitigen. Ein offener und konstruktiver Umgang mit den dort erarbeiteten und aufgezeigten Problemen im Sinne “Probleme sind Schätze“ erzeugt mit der Zeit eine positive KVP-Kultur.

Es empfiehlt sich wie folgt vorzugehen:

- Im Vorfeld eines Workshops sind die Zielsetzung und die Aufgabenabgrenzung mit der Führungskraft abzustimmen und in Standardformblättern festzuhalten. Es hat sich auch bewährt, die Dokumentation des Istzustandes und die Ausarbeitungen im Workshop digital oder mit ausgedruckten Bildern zu dokumentieren.
- Der erste Schritt ist eine Schwachstellenanalyse unter dem Fokus der Vermeidung von Verschwendung. Unter der Zuhilfenahme von Flipchart, Moderationskarten und Brownpaper werden die zu untersuchenden Prozesse visualisiert und anschließend analysiert. Eventuell sollten im Vorfeld Zahlen, Daten und Fakten zusammengetragen werden.
- Aus diesen Aufschreibungen und Ausarbeitungen werden in einem weiteren Schritt gemeinsam Lösungsansätze erarbeitet und eine erste grobe Kosten-Nutzen-Abschätzung durchgeführt.
- Eine Priorisierung und Bewertung der notwendigen Maßnahmen sowie die Überführung in einen Aktionsplan mit Terminen und Verantwortlichkeiten sind die besten Voraussetzungen für eine schnelle Umsetzung der Themen.

Die Vorstellung der umgesetzten zeitnahen Verbesserungen bei der nächsten regelmäßigen Bereichsbegehung vor dem oberen Management motiviert die Mitarbeiter und gibt jedem Beteiligten das Gefühl, einen positiven Beitrag geleistet zu haben.

KVP-Aktionen sind nicht nur auf die Werkstatt beschränkt, sondern können in gleichem Maße in Bürobereichen durchgeführt werden.

9.8 PDCA und Standardisierung

WORUM GEHT ES?

Der PDCA-Zyklus (Bild 9.3) stellt die Verbesserung sicher! Wenn Sie die Qualität und Effizienz von bestimmten Tätigkeiten immer weiter steigern wollen, wenden Sie die Methode „standardisierte Arbeit" an. Hierbei geht es darum, unter verschiedenen Varianten und Möglichkeiten der Tätigkeitsausführung die bestmögliche auszuwählen, anzuwenden und zu standardisieren.

Beispiele um Standards zu unterstützen sind Checklisten, Formblätter, One-Point-Lessons, Vorlagen und Arbeitsblätter.

One-Point-Lesson/Kurzschulung

Auf einem Blatt wird alles erklärt, was bei der Wartung (oder Bedienung) von Anlagen und Maschinen beachtet werden muss. Die One-Point-Lesson muss vor Ort an der Anlage greifbar sein.

Der kontinuierliche Verbesserungsprozess wird durch die Anwendung des PDCA-Zyklus sichergestellt. PDCA ist ein vierphasiger Problemlösungsprozess, der einen Kreislauf der Verbesserung beschreibt und die Umsetzung maßgeblich unterstützt. Die Buchstaben PDCA stehen für die Bereiche Plan, Do, Check, Act.

Die gegenwärtige Situation wird untersucht und analysiert, um aus diesen Erkenntnissen einen Plan zur Verbesserung zu erstellen. Dieser Plan wird dann in Umsetzung gebracht. Anschließend werden die neuen Verbesserungen überprüft und kontrolliert. Die Abläufe oder Verbesserungen werden dann als Standard festgeschrieben. Dieser gelebte Standard wird dann wieder in Frage gestellt und ist der Beginn eines neuen Zyklus.

WAS BRINGT ES?

Mit dem PDCA-Zyklus wird im Unternehmen eine stetige Verbesserung der Prozesse und Abläufe erreicht. Ziel ist es, auch bei den Verbesserungen und Umsetzungen ein standardisiertes Vorgehen anzuwenden. Durch dieses konsequente Anwenden der einzelnen Zyklen findet eine ständige Verbesserung und Optimierung statt.

WIE GEHE ICH VOR?

Plan

Der jeweilige Prozess, der verbessert werden soll, wird untersucht und analysiert, dazu sollen alle notwendigen Zahlen und Daten genutzt werden. Der neue Ablauf oder die Verbesserung muss vor der Umsetzung geplant werden. Unbedingt sollten dabei die betroffenen Mitarbeiter bei der Konzepterstellung mit einbezogen sein, um auch deren Akzeptanz zu haben.

Do

Die Umsetzung sollte immer erst erprobt werden (z. B. Pilot an einer Maschine), um noch bestehende „Kinderkrankheiten" beseitigen zu können. Erst dann kann Schritt für Schritt die Verbesserung in die Breite getragen werden. Diese Verbesserungen können dann in einer Art „Kaizen-Zeitung" den weiteren Bereichen eines Unternehmens berichtet werden, um auch hier ähnliche Verbesserungen zu initiieren.

Check

Die Resultate des im Kleinen realisierten neuen Prozessablaufes müssen sorgfältig überprüft und beobachtet werden. Bei einem positiven Ergebnis kann dann die Umsetzung auf breiter Front als Standard freigegeben werden.

Act

In der Phase Act wird dieser neue Standard eingeführt, festgeschrieben und regelmäßig mit Checklisten und Audits überprüft. In Abstimmung mit dem Management werden dann Kapazitäten und Budgets eingestellt, um in anderen Bereichen oder Werken diese Verbesserungen und Optimierungen einzuführen. Diese Optimierungen werden dann nach einer gewissen Zeit aber immer wieder auf den Prüfstand gestellt und ein neuer Zyklus kann beginnen.

Erst wenn auch die dann erkannten Verbesserungen den PDCA-Zyklus durchlaufen haben, wird der bestehende Standard durch einen neuen Standard abgelöst.

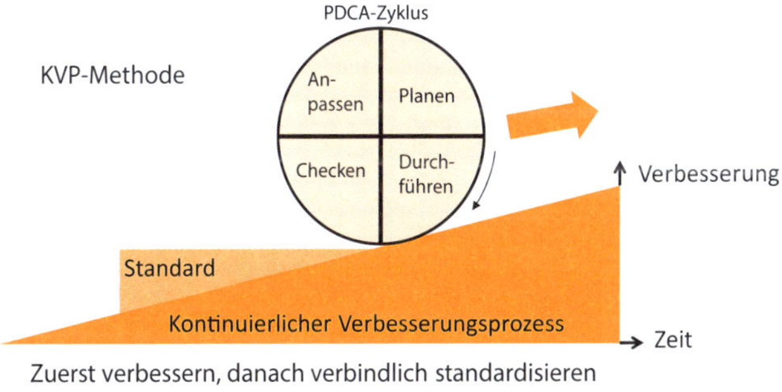

Bild 9.3 PDCA-Zyklus

9.9 Visuelles Management

WORUM GEHT ES?

Ein Unternehmensberater hat das Ziel der Visualisierung im Produktionsumfeld einmal sehr anschaulich zusammengefasst: „... das Auge steuert die Fabrik". Es gibt hier große Unterschiede zwischen den einzelnen Unternehmen. In manchen Produktionshallen erkennt man auch als Besucher sofort den Materialfluss, ja sogar der aktuelle Produktionsstand bzw. Abweichungen sind schnell sichtbar, die Informationsboards sind aktuell gepflegt und man hat das Gefühl, dass „alles seinen Platz hat und hohe Transparenz herrscht". Man spricht hier von Visualisierung bzw. vom visuellen Management. Diese Methode wird auch oft im gleichen Atemzug mit KVP, Shopfloor-Management, 5S und Standardisierung genannt.

Beim visuellen Management handelt es sich um eine Methode zur übersichtlichen und verständlichen Darstellung von Informationen. Sie unterstützt die Mitarbeiter und Vorgesetzten, Ziele, Ergebnisse, aber auch Abweichungen sofort zu erkennen und zeitnah zu handeln. Die Gestaltung und der aktuelle Stand von Prozessen und Arbeitssystemen werden transparenter. Gute Visualisierung verbessert damit auch Effizienz, Qualität und Arbeitssicherheit.

WAS BRINGT ES?

Visualisierung ist damit ein wichtiges Instrument, wenn es gilt, Prozesse transparent und stabil zu machen, so wie es ein schlanker Wertstrom erfordert. Sie kann die Werkstatt gleichermaßen beim Steuern von Logistikprozessen wie auch beispielsweise beim zeitnahen Erkennen von Abweichungen und Problemen unterstützen.

Typische Ziele für Visualisierungsmaßnahmen sind:

- Abweichungen vom Normalzustand und somit Probleme transparent machen.
- Regeln sichtbar machen.
- Komplexität reduzieren.
- Ordnung halten, die im Betrieb Voraussetzung für Qualität, Wirtschaftlichkeit, aber auch Umwelt- und Arbeitsschutz ist.
- Führungs- und Lenkungsinstrumente installieren.
- Selbsterklärende, einfache Ordnungssysteme aufbauen.
- Selbststeuernde Regelkreise ermöglichen.
- Standardsituationen vor Individualität stellen.

WIE GEHE ICH VOR?

Zunächst sollten Sie ein Konzept erarbeiten, was Sie visualisieren wollen. Die Themenfelder reichen dabei von Arbeitssicherheit bis zur Leistungsvisualisierung. Um erfolgreich zu sein, sollte die Visualisierung aber auch durchgängig geplant werden. Das kann von aussagefähigen, aktuell zu haltenden Kennzahlen-/Infoboards an den Arbeitsplätzen bis zum Farbkonzept für eine komplette Produktionshalle reichen. Achten Sie unbedingt darauf, dass die Informationen eindeutig bzw. verständlich dargestellt werden. Idealerweise erarbeiten Sie auch Standards, damit beispielsweise nicht jedes Schild anders aufgebaut ist oder damit farbliche Bodenmarkierungen eindeutig sind. Legen Sie fest, wer für die Aktualisierung der Informationen verantwortlich ist. Umfangreiche Visualisierungsprojekte können auch den Einsatz von Experten erforderlich machen.

Lessons Learned

Visualisierte Informationen sollten
1. eindeutig,
2. standardisiert,
3. aktuell,
4. gut erkennbar und
5. den Mitarbeitern bekannt bzw. verständlich

sein.

Visualisierung kann auf unterschiedlichste Weise erfolgen, beispielsweise:

- Bodenmarkierungen zum Zonieren der Hallenflächen,
- Schilder mit Warnhinweisen,
- Informationsboards mit aktuellen Kennzahlen,
- große Flachbildschirme zum Anzeigen von aktuellen Auftragsdaten, Produktionsständen etc.,
- Lichtanzeigen/-signale zur Unterstützung des Mitarbeiters im Arbeitsprozess,
- grafische Darstellung von Montagetätigkeiten an Bildschirmen für die Werker,
- Minimum-/Maximum-Markierungen an Regalen und Supermärkten zum einfachen Steuern der Nachversorgung.

Zum Abschluss noch ein Beispiel für eine einfache und pragmatische Visualisierungsleitlinie für die Mitarbeiter eines Montagebereiches:

1. Alles hat seinen Bestimmungsort (Platz).
2. Alles, was häufig oder im Notfall benötigt wird, ist schnell erreichbar.

3. Jeder Mitarbeiter ist für sein direktes Arbeitsumfeld verantwortlich (Sauberkeit und Ordnung).
4. Es wird sichtbar, was zu viel oder zu wenig montiert worden ist.
5. Aktuelle Kennzahlen machen den Erfolg sichtbar und werden zeitnah durchgesprochen.

9.10 Lean Administration

WORUM GEHT ES?

Die Prozesse im Angestelltenbereich machen einen großen Teil der Durchlaufzeit des Auftrags aus und bestimmen mit, wie schnell der Kunde seine Produkte oder Dienstleistungen bekommt. Lean Administration oder Lean Office hat zum Ziel, kontinuierlich und nachhaltig die Durchlaufzeiten zu reduzieren sowie die Produktivität in Bürobereichen und in der Werkstatt zu steigern. Genau wie in der Werkstatt geht es darum, Verschwendung in Arbeit, Prozessen und Abläufen zu reduzieren. Dabei sollen im Sinne des kontinuierlichen Verbesserungsprozesses alle Mitarbeiter im administrativen Bereich dazu motiviert werden, sich und ihre Arbeit ständig zu verbessern.

WAS BRINGT ES?

Verschiedene Studien belegen, dass auch in Bürobereichen ein wesentliches Verbesserungspotenzial vorhanden ist. In Tabelle 9.2 sind die Ergebnisse einer Studie dargestellt. Danach werden 38 % der Arbeitszeit im Büro mit nicht wertschöpfenden Tätigkeiten verbracht. Die Mitarbeiter werden im Rahmen des KVP stärker als zuvor aufgefordert und gefördert, proaktiv die eigene Arbeit und Prozesse zu verbessern. Aus Sicht der Mitarbeiter steigen dadurch die Zufriedenheit und die Identifikation mit der eigenen Arbeit. Aus Unternehmenssicht wird mit Lean Administration und seinem KVP-Prozess meist ein Kulturwandel eingeleitet. So wird mit der Zeit das Unternehmen als Gesamtorganisation wandlungsfähiger und kann bei Veränderungen schneller reagieren.

WIE GEHE ICH VOR?

In vielen Unternehmen wird Lean Administration mithilfe eines Stufenmodells eingeführt. Dabei hat jede Stufe andere Ziele, die durch den Einsatz geeigneter Methoden erreicht werden soll. Dadurch werden die Mitarbeiter schrittweise mit dem Lean-Gedanken vertraut gemacht. In der Literatur gibt es verschiedene Stufenmodelle, die sich in der Stufenanzahl und deren Inhalten unterscheiden (z. B. Kurz 2007). Im Folgenden wird exemplarisch ein Stufenmodell vorgestellt.

Tabelle 9.2 Verbesserungspotenziale im administrativen Bereich (Quelle: Möller 2005, Seite 30 bis 32)

Bruttoarbeits-zeit		40,7 h	100 %
Zeitverluste durch	**Beschreibung**	**h**	**%**
Unterbrechen	der eigentlichen Arbeit durch Störungen	2,5	6,20
Ausharren	in ineffizienten, zu langen oder ergebnislosen Besprechungen	2	5,00
Suchen/Nach-gehen	von fehlenden Informationen, Unterlagen, Dateien und von nicht erreichbaren Kollegen	3,3	8,20
Warten	auf EDV-Programme, Kollegen, Unterschriften usw.	1,5	3,70
Aufklären	von schlecht delegierten, unklaren oder verwirrenden Aufgaben	1,4	3,50
Korrigieren	von fehlerhaften, unvollständigen Vorgaben/Input	1,4	3,40
Aussortieren	von Überinformationen, Werbepost, E-Mail, Spam usw.	1,2	2,90
Befolgen	von komplizierten, überholten oder bürokratischen Abläufen	1,2	2,80
Transportieren	von Papieren von und zum Kopierer, Hauspost usw.	0,9	2,30
Summe Zeitverluste		**15,4**	**38**

Es stehen für die eigentliche, produktive Arbeit noch zur Verfügung:

Nettoarbeitszeit		25,3	62

Level 1: Selbstorganisation fördern

Der Fokus der ersten Stufe liegt auf der Selbstorganisation der Mitarbeiter. Dabei wird zuerst vermittelt, was die Verschwendungsarten im Büro sind. Danach reduzieren die Mitarbeiter im Rahmen eines 5S-Workshops selbst etwaige Verschwendung am eigenen Arbeitsplatz.

Level 2: Standards vereinbaren

Der nächste Optimierungsschritt ist die Verbesserung der Zusammenarbeit durch Standardisierung im Team. Dabei geht es vor allem um Themen, die mehrere Personen betreffen, wie z. B. EDV-Ablage, Papierablagen, und Formulare ebenso wie Kommunikationsstandards und Besprechungsregeln. Durch Standardisierung finden sich alle Mitarbeiter besser zurecht, sowohl an ihrem eigenen Arbeitsplatz als auch in gemeinsam genutzten Bereichen. Der schnellere Zugriff auf Ablagen verringert Suchzeiten.

Level 3: Prozesse optimieren

In dieser Stufe beschäftigt man sich mit der Verbesserung von (Teil-)Prozessketten. Dafür kann insbesondere bei bereichsübergreifenden Prozessen die in diesem Buch vorgestellte Wertstromoptimierung verwendet werden.

Dieses Stufenmodell mit Schwerpunkt auf dem kontinuierlichen Verbesserungsprozess kann durch gezielte Innovationen je Stufe unterstützt werden. So können in Stufe 1 bessere Büro- und Raumkonzepte umgesetzt werden, in Stufe 2 E-Workflows z. B. für den Urlaubsbeantragungsprozess implementiert werden und in Stufe 3 Änderungen der Aufbauorganisation zur Förderung der Prozessorientierung durchgeführt werden.

Plant man, Lean Administration bei sich im Unternehmen einzuführen, so ist es sinnvoll, nicht einfach bestehende Einführungsmodelle zu übernehmen, sondern diese immer auf die Strukturen, Erfahrungen und Kultur des jeweiligen Unternehmens anzupassen.

Anlagen

Gespräch mit Auftraggeber:
- Klären der Ziele und Rahmenbedingungen
- Produktfamilie/Repräsentant/Prozess auswählen
- Prozessgrenzen festlegen
- Team festlegen (z. B. Moderator, Führungskraft, Planer, Springer, Mitarbeiter)

Inhaltliche Workshop-Vorbereitung:
- Vorgespräche mit Workshop-Teilnehmern, Mitarbeitern und Betriebsrat führen
- Vorab-Begehung für einen ersten Überblick zum Prozess durchführen
- Workshop-Agenda erstellen
- Bereichsvorstellung erstellen (z. B. Layout, Produkt, Varianten, Kennzahlen)
- Workshop-relevante Unterlagen aufbereiten bzw. zusammenstellen (z. B. Arbeitsplan, Zeichnungen, Kennzahlen)

Organisatorische Workshop-Vorbereitung:
- Termin festlegen, Raum organisieren und Einladungen verschicken
- Formblätter (z. B. Prozessdaten-Aufnahmeblatt) in ausreichender Anzahl ausdrucken und mitnehmen
- Infrastruktur bereitstellen (z. B. Beamer, Fotoapparat, Moderationskoffer, Brownpaper, Flipcharts)
- Catering bei Bedarf organisieren

Anlage 1: Checkliste zur Vorbereitung eines Wertstrom-Workshops

Prozess:
- Wie heißt der Prozess/was passiert hier?
- Wie viele Mitarbeiter sind hier beschäftigt?
- In wie vielen Schichten wird gearbeitet?
- Wie lange ist die Bearbeitungszeit?
- Wie hoch ist die Maschinenverfügbarkeit?
- Wie viele Varianten werden hergestellt?
- Wie hoch sind die wesentlichen Bestände (vorgelagert und nachgelagert)?
- Welche Ausschussrate ist momentaner Stand?
- Wie viel muss nachgearbeitet werden (Nacharbeitungsrate)?

Materialfluss:
- Woher kommt das Material/wo steht das Material zur Bearbeitung?
- Wie oft wird das Material bereitgestellt?
- Von wem wird das Material bereitgestellt?
- Wie viel von dem Material wird bereitgestellt (gelieferte Losgrößen)?
- Wie viel Material stellen Sie bereit (produzierte Losgrößen)?
- Wohin wird das Material gestellt, wenn es bearbeitet worden ist?

Informationsfluss:
- Woher kommt die Anweisung, welcher Auftrag bearbeitet werden soll?
- Was gibt den Anstoß zur Produktion?
- Welche Informationsmedien werden eingesetzt?
- Wie oft kommen diese Anweisungen?
- Wer erteilt die Anweisungen?
- Wer erhält Nachricht, dass der Auftrag erledigt ist?

Anlage 2: Fragestellungen zur Datenaufnahme bei einer Wertstrom-analyse

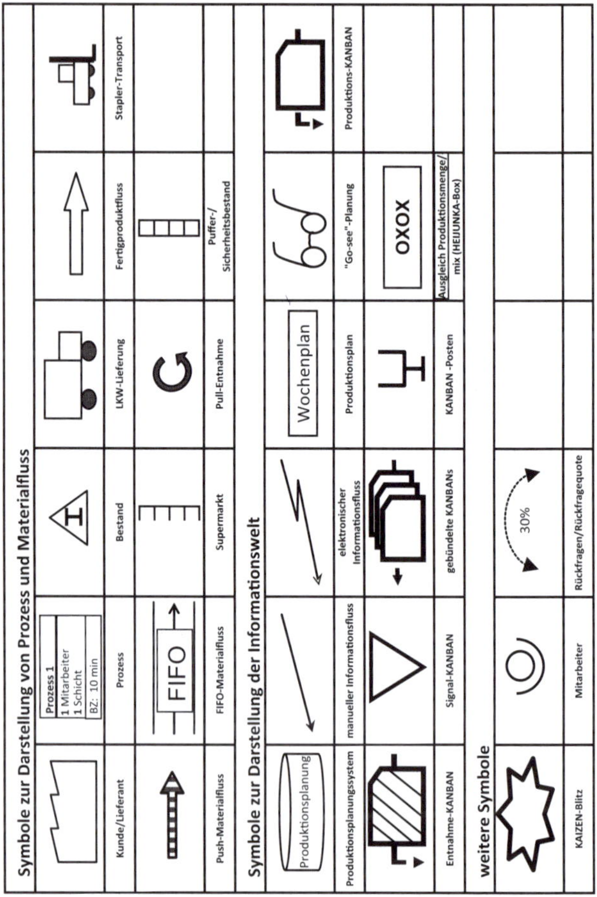

Anlage 3: Übersicht der wesentlichen Wertstromsymbole

Vorgängerprozess	⇨	Prozessname	⇨	Folgeprozess
Woher erhalten Sie Ihren Auftrag und durch welche Informationsmedien?		Anzahl Mitarbeiter Schichtmodell Arbeitszeit weitere Prozessdaten		Welche Informationen geben Sie weiter und mit welchen Informationsmedien?
Bestände vor dem Prozess				Bestände nach dem Prozess

Prozessbeschreibung

KAIZEN-Blitze

Anlage 4: Prozessdaten-Aufnahmeblatt

Tag 1	Tag 2	Tag 3
Begrüßung, Agenda (15 min) Workshop-Moderator	**Begrüßung, Einleitung (15 min)** Workshop-Moderator	**Begrüßung, Einleitung (15 min)** Workshop-Moderator
Zielsetzung, Vorstellung Bereich (0,5 h) Auftraggeber/Bereichsführungskraft	**Wertstromanalyse, Istaufbereitung inkl. Kaizen-Blitze – Teil 2 (4 h)** Wertstromexperte	**Wertstromdesign, Erarbeitung Sollzustand – Teil 2 (2,5 h)** Wertstromexperte
Theorie Wertstrommethode (1,5 h) Wertstrom-Experte		**Aufgabenpakete schnüren und Verantwortlichkeiten festlegen (2 h)** Workshop-Moderator
Gruppen-/Rolleneinteilung und Istaufnahme vor Ort (Linewalk) (2,5 h) Alle Workshop-Teilnehmer	**Wertstromdesign, Erarbeitung Sollzustand – Teil 1 (2,5 h)** Wertstromexperte	**Vorbereitung der Managementpräsentation (1 h)** Alle Workshop-Teilnehmer
Wertstromanalyse, Istaufbereitung inkl. Kaizen-Blitze – Teil 1 (2 h) Wertstromexperte		**Ergebnisse dem Management präsentieren und Absprache weiterer Meilensteine (1h)** Auftraggeber/Bereichsführungskraft
Feedback, Planung Folgetag (15 min) Workshop-Moderator	**Feedback, Planung Folgetag (15 min)** Workshop-Moderator	**Feedback, Abschluss (15 min)** Workshop-Moderator

Anlage 5: Beispielhafte Agenda zur Durchführung eines dreitägigen-Wertstrom-Workshops

Literatur

Aphorismen-Archiv: *„Sage es mir …“*. aphorismen-archiv.de, abgerufen am 1.9.2015 (je nach Quelle wird dieses Zitat auch Laotse zugesprochen)

Erlach, K.: *Wertstromdesign. Der Weg zur schlanken Fabrik*. Springer-Verlag, Berlin 2007

Erlach, K.; Westkämper, E. (Hrsg.): *Energiewertstrom - Der Weg zur energieeffizienten Fabrik*. Fraunhofer Verlag, Stuttgart 2009

ISO 9000:2005: *Qualitätsmanagementsysteme - Grundlagen und Begriffe*. Beuth, Berlin 2005

Klevers, T.: *Wertstrom-Mapping und Wertstrom-Design*. Redline, Landsberg am Lech 2007

Klevers, T.: *Wertstrom-Management*. Campus Verlag, Hamburg 2013

Kurz, J.: *Für immer aufgeräumt: Zwanzig Prozent mehr Effizienz im Büro*. Gabal Verlag, Offenbach 2007

Liker, J. K.: *Der Toyota Weg*. Finanzbuch Verlag, München 2006

Möller, G.; Wittenstein, A.-K.: Goldmine Büro. In: *REFA-Nachrichten*. Heft 2/2005: Seite 30-32

Ohno, T.: *Toyota Production System: Beyond Large-Scale Production*. Productivity Press, Portland 1988

Rother, M.: *Sehen lernen. Mit Wertstromdesign die Wertschöpfung erhöhen und Verschwendung beseitigen*. Lean Management Institut, 2004

Rother, M.: *Kontinuierliche Fließfertigung organisieren*. Lean Management Institut, 2001

Stadler, M.: *Wertstromdesign*. Diplomica Verlag, Hamburg 2010

Wagner, K. W.; Lindner, A. M.: *WPM-Wertstromorientiertes Prozessmanagement*. Hanser Verlag, München 2013